Hard work

# 不想认命，
# 就拼命

木槿 著

文匯出版社

### 图书在版编目（CIP）数据

不想认命，就拼命 / 木槿著. — 上海：文汇出版社，2019.6
 ISBN 978-7-5496-2897-1

Ⅰ.①不… Ⅱ.①木… Ⅲ.①成功心理—通俗读物 Ⅳ.① B848.4-49

中国版本图书馆 CIP 数据核字（2019）第 100133 号

## 不想认命，就拼命

著　　者 / 木　槿
**责任编辑** / 戴　铮
**装帧设计** / 末末美书
**出版发行** / 文汇出版社
　　　　　上海市威海路 755 号
　　　　　（邮政编码：200041）
经　　销 / 全国新华书店
印　　制 / 三河市龙林印务有限公司
版　　次 / 2019 年 6 月第 1 版
印　　次 / 2019 年 6 月第 1 次印刷
开　　本 / 880×1230　1/32
字　　数 / 151 千字
印　　张 / 8

书　　号 / ISBN 978-7-5496-2897-1
定　　价 / 38.00 元

# 目　录

## 正确的方向才值得你拼命

002　这世界，没你想的那么美好，也没你想的那么糟糕

011　努力，是回应别人评头论足的最好方式

021　把握分寸，才能获得好的人际关系

030　有原则地拒绝，是一个人必备的修养

040　精准努力，把时间花在真正有价值的事情上

050　你的善心，必须有些锋芒

059　情商高的人，会体察别人的情绪

069　不计较，才是最大的计较

079　即使是占小便宜，也可能付出大代价

## 想成功，就要有高情商与大格局

090　无论何时，都要保持独立行走在世间的能力

100　自信的人，不需要在朋友圈证明自己

111　理解和关心，是抑郁症患者生命中的光亮

120　你的房间，散发着你的内在气质

130　女孩，忠于内心才能过上自己想要的生活

141　所谓的爱，是以自身为原点才能扩散的

152　这辈子，总要为一件事情执着一回

161　活得漂亮，是生而为人的责任

171　说话方式，可以映射出你的思维方式

## 拼命努力，才有能力

182　自律，才是人的第一生产力

192　用努力，填满时间的每个空隙

202　话不说破，是一种修养

211　愿你在最美的年华，遇见聊得来的人

221　活出自己的样子，才是最美的

230　适当活在自己的世界，挺好

239　拥有一点点小技能，你的世界会宽广很多

正确的方向才值得你拼命

## 这世界，没你想的那么美好，
## 也没你想的那么糟糕

成熟不是穿西装打领带，不是穿高跟鞋抹口红，不是老于世故，不是冷漠厌世。

成熟是即使知道这个世界也许并非如你想象中那般美好，但是你依旧相信美好；成熟是生活赐你一道道伤口，你却报之以温柔；成熟是凌驾于感情之上的一种崇高的理性。

小文是我大学时的旧识，已有两年未见，前不久，在微信上找我叙旧。我提议去一家我常去的咖啡馆坐坐，她欣然同意。那天下着蒙蒙细雨，空气里透着些许凉意。我快步走到那家咖啡馆，没过多久，她也如约而至。

在靠窗的位置就座后，小文点了一杯馥芮白，而我要了一杯经典的美式咖啡。说来也是奇怪，尽管两年未见，我们对彼此并没有感到生分。当她问我和青子是否还有联系时，我淡然地回答她："没有。"然后，我的思绪一下子飘到很远。

小文说的青子，是我上大学时喜欢的一个姑娘。

那年，我十九岁，独自一人从南方跑到北方上学。两千公里，隔的不仅是距离，还有家乡的温度。不过，幸好我在那里遇到了青子，一个见证我整个青春的姑娘。我们来自同一个地方，只是此前素未谋面。

有一回，我和青子一起坐火车回家。由于我的一只手受伤了，所以只能拿自己的行李。但是，我又不忍心看青子一个人拖着那么重的行李，执意要帮她拿。她是个直性子的人，快人快语："你都受伤了，我自己拿就可以了。"

而我也固执己见，一来二去，两人争执了好一会儿，最后还是她自己提着行李下了站台。我赌气地跟在她身后，自始至终都未上前搭把手。上了车，我也径直往自己的车厢走去。如果后来不是她找我，也许这一路我都不会跟她说话。

现在看来，当时我不仅幼稚，而且小气。但我对青子的喜欢，却是真心的。她无聊了，我找她一起去看电影；晚自习或者休息日，我约她去学校对面的甜品店喝奶茶；她过生日或每逢节日时，我送她礼物；在她不开心时，我逗她开心，陪她去逛超市，经常跟她聊天到深夜。

不过，在青子的心里，也许我只是她可以交心的朋友、无话不谈的朋友、对她真心实意的朋友。

曾经我一直幼稚地以为，感动是可以换来爱情的：青子不喜欢我，大概是因为我对她还不够好。所以，为了她一句无心的话，我曾经在晚上穿过大半个校区，就为了给她买一杯红糖姜茶；我也曾在冬天的雪地里走了很久，只为能到一家店里为她挑选合适的生日礼物；也曾找各种理由，只为了能见她一面；也曾花了半个月时间，整理一份专属于她的毕业相册。

事过境迁我才发现，感动能换来的仅仅是一张"好人卡"——我很感动，但我还是不喜欢你。我用五年的时间明白了一个道理：不喜欢你的人永远不可能跟你在一起，就像你永远无法在赤道看到极光。所以，每一个固执地喜欢着不喜欢自己的人，都应该学会放下。一个真正成熟的人，知道将时间和精力投到该做的事情上，将感情用在对的人身上。

突然，小文打断了我的思绪，一下子把我从回忆中拉回现实。她说我成熟了许多。

至少现在我明白了，别人犯错时，我们不必总是义正词严地站在道德高地批判他，因为不知何时我们也会犯同样的错误。就像我们请别人吃饭，应该先定好饭店，而不是到时候两个人焦头烂额地瞎跑；我们受到质疑和委屈时，不必反唇相讥，而应学会淡然一笑，再用自己的实力让那些看轻你的人闭嘴。

我也明白了许多情绪该说给懂的人听，或者自己消化，因为别人没有义务看我们的脸色，充当我们的情绪垃圾桶。我也懂得了这世上有许多"生命不能承受之重"，眼泪不是软弱，而是感情释放的缺口，得到要珍惜，得不到要释怀。

这些都是青子教会我的事。只是青梅易落，韶华易逝，再回眸，只余空城旧梦，难觅知音。当然不仅是我，我曾见过不少人，在他们身上我仿佛看到曾经的自己——为了迎合对方而一味改变，然后在一场自以为是的爱情中迷失自我。

小文曾经喜欢一个学长,只是因为他是她理想中的模样,她便疯狂地追求他,创造一个个"偶遇"。

可是,你对他如水晶球般澄澈的爱,实际上却像一个孩子的梦。你越是像橡皮糖一样粘着对方,越是以他为中心,反而越证明你的廉价和幼稚。

直到有一天,那颗水晶球突然碎了,你才哭着醒来。但是,痛哭之后,我们更应该学会自省:那些身上的伤疤,何尝不是我们的勋章?它们无时无刻不在提醒我们,那些年我们曾经走过的路、吃过的亏、爱过的人。

所有的经历,不过是成长和成熟所要付出的代价。就像年少时总会因为不成熟错过许多人、许多事,可是错过又不是过错,有什么放不下的呢?那不过是一个不成熟的人谈了一场不成熟的恋爱。然而,不成熟的感情不代表就是失败,无论是白头相守,还是最终形同陌路,无论其间是甜蜜还是苦涩,都是我们成长的印记,是我们走向成熟的必经之路。

村上春树说:"你要做一个不动声色的大人了。不准情绪化,不准偷偷想念,不准回头看。去过自己另外的生活。你要听话，不是所有的鱼都会生活在同一片海里。"

是啊，我们不再是孩子了，不能再像小时候那样，跌倒了就坐在地上哇哇大哭，等着别人将我们抱起。现在，我们遇到挫折、委屈难过了，就该懂得控制自己的情绪，不要让那些关心我们的人担心。

我们应该做一个成熟的大人了，不过分沉溺于往事，懂得珍惜身边的人。我们应该学会理性地看待问题，接纳和包容世界的不完美，却也不忘寄希望于未来，努力活在当下。

成人是一种仪式，成熟却是一个过程。

十八岁那年，也许你试着穿上西装，打着领带，梳起油头，跑去见那个梦寐以求的姑娘；也许你偷穿妈妈的高跟鞋，抹上口红，画上眼影，第一次对着镜子学化妆。

年轻时，我们自以为爱过几个人、受过几次伤、看过不同城市的风景、喝过不同种类的酒，就是成熟了。

可是，我们依然将叛逆视为个性，将孤僻看作特立独行。

我们以自我为中心，总是肆无忌惮、口无遮拦。我们将喜怒哀乐全写在脸上，常常不顾及别人的感受，从来不会照顾别人的情绪，也不懂得体谅别人的付出，更不知道站在对方的角度思考问题。我们活得像一颗榴梿，浑身是刺，一不小心就扎伤别人，也让自己遍体鳞伤。

当所有历经的过往变成了经历，所有昨天的故事变成了今天的世故，我们以为自己长大了。

可是，世故不是成熟，它是一种可怕的精神上的衰老，是遭遇种种挫折后的冷漠厌世，是由于自身的无能为力而对现实的妥协。

也许我们很难为"成熟"下一个精准的定义，但是，显而易见，这种被生活磨平棱角后的老于世故不过是"伪成熟"。

《尼采：在世纪的转折点上》一书中说："许多人所谓的成熟，不过是被习俗磨去了棱角，变得世故而实际了。那不是成熟，而是精神的早衰和个性的消亡。真正的成熟，应该是独特个性的形成、真实自我的发现、精神上的结果和丰收。"

一个真正成熟的人，应该学会独立，这种独立应该包括经济上的独立以及人格、精神上的独立。他不再对父母、伴侣、朋友产生物质和精神上的依赖，能给自己足够的安全感，并对自己的人生有明确而清晰的规划。

一个真正成熟的人，不偏激、不极端、不趋炎附势，亦不人云亦云。他有自己对人生的思考和对生命的感悟，有自己做事的原则和底线，并在此基础上形成自己的个性，或温文尔雅，或坦率倔强，或平和刚正。他既表现出与他人的共性，又保持着自己的个性。

一个真正成熟的人能认清自我，既不过度自卑，也不过度自大。他既能欣赏自己的优点，也能正视自己的缺陷和不足。他明白自己是怎样的人，想过怎样的生活，不会随意扮演别人给他安排的角色。他了解并尊重自己内心深处的渴求，并在自我需求和现实之间找到平衡。

一个真正成熟的人，精神上一定自给自足，不会常感空虚或寂寞，既能与他人保持和谐的关系，又不害怕独处。他在独处时思考自我和生命的意义，充盈自己的内心以及精神世界。

这便是成熟。它不在我们十八岁的成人礼上，也不是做一件多么惊天动地的事，而是在那些平凡的日子里，帮助我们扮演好每一个角色。

二十几岁时，我们该认真考虑恋爱或是婚姻了；婚后，我们该试着做一个合格的丈夫或妻子了；为人父母后，我们也要努力去做一个给予子女无私的爱的父母了……

那一天，我和小文聊得很开心。我知道，她再也不是原来那个幼稚的姑娘了，而我也不是那个在赤道等极光的男孩了。

## 努力，是回应别人评头论足的最好方式

去年末，陈小姐找我叙旧，当时我们已有许久未见。

那天，她穿着一件呢子灰色网格大衣，系着丝质半透明围巾，下身是一条黑色紧身牛仔裤和一双棕色半高跟皮靴，挎着一只酒红色小包，化淡妆，扎马尾，看起来很是干净利落。

她迎面向我走来，皮靴跟地面碰撞出"嗒嗒"的声音，就像五线谱上跳动的音符，优雅、明媚；就像冬日里的一道阳光，投进我的心波。

一番寒暄后，我询问她的近况。她微笑着对我说："还凑合吧，跟以前差不多，唯一的变化就是不用出去风吹日晒了。"

"凑合？那你的野心还真不小啊。"我打趣道。大概是被我的话逗乐了，她笑了起来。

与陈小姐初识，还是大三下半年。当时，我很荣幸地到一家地方电视台实习，被分配到新闻部，由陈小姐带我。老实说，第一次见到陈小姐，我只觉得她是一个长相普通的姑娘。而且她的话不多，几乎只有在我向她请教问题时才会跟我交流。所以，她给我的第一印象是沉默寡言、能力平平。

不过，没几天我就意识到自己太以貌取人了。那天早晨，我刚进单位就被领导叫进办公室，说下午有一场采访，让我和陈小姐一起去，多学习学习，毕竟她是新闻部的风云人物。我一听，下巴差点儿掉下来。见我一副半信半疑的样子，领导又告诉我，陈小姐虽不是热络之人，但在工作上却称得上"拼命三娘"。

我轻轻关上门出来，无意间瞥了一眼照片墙，在上面意外地发现了陈小姐的身影。照片上的她青葱稚嫩，穿一袭浅粉色的长裙，背着相机，脸上写满了少女的憧憬和期待。当时，陈小姐正好路过，感慨地说："那时候我也是刚刚实习，想不到这么快，已经过去这么多年了。"

我想陈小姐之所以感慨，大概是在我身上看到了她自己曾经的影子。据说她刚来部门时，也是一个初出茅庐的"职场小白"，不但采访时十分紧张，拿着话筒的手连同声音都不由自主地颤抖。她写的稿子的质量也常常达不到要求，所以当时没少被领导训斥。

她在食堂吃饭时，偶然间听到别人说道："刚来的那个小姑娘人倒是蛮不错，就是性格太内向，平时是个闷葫芦不说，采访时也紧张。""是啊，也不知道她是怎么想的，其实她这性格不适合干这行。"

那些七嘴八舌的议论好像一把把利刃，直刺她的心窝。

毋庸置疑，他们口中的姑娘就是她，因为同期进部门的除了她，再无他人。她想为自己说点什么，但是找不到一句辩驳的理由。偶尔，她也会问自己到底适不适合干这份工作。本来她就不是一个性格外向的人，虽然她喜欢这个工作，但还是一度无法克服这个问题。

深思熟虑后，她下定决心要继续从事这个行业。所以，那时候，她每次回到宿舍，不管是白天还是晚上必做的功课就是对着镜子，拿着话筒模拟采访时的情景。稿子也是写完后反复修改，常常忙到深夜。

几个月后，她终于能够从容应对镜头，提的问题都在点子上，写出的报道思路清晰、层次分明。结果，她不仅顺利度过了实习期，而且受到了领导和同事的一致好评。

陈小姐的努力让我明白，当受到别人的质疑和嘲讽时，反唇相讥不是最好的回应。最好的回应是默默努力，积蓄力量。像一粒种子那样，吸收养分、雨露，待来年冰雪消融，春回大地，长十里芳草，让那些曾经看轻你的人看清你。

相处越久，我越感到陈小姐为人低调、做事沉稳，几乎从不夸夸其谈。她虽然雷厉风行，却有条不紊，办事效率极高。接到一个采访任务后，她会第一时间跟采访对象沟通，确定采访的时间以及地点。即使赶时间，她也从来没有落下过采访工具，例如话筒、录音笔、本子和笔等。这大概也是陈小姐在工作上极少出错的原因之一。她心思缜密，临危不乱，不会因为一些突发状况而慌了神。针对这一点，她曾云淡风轻地对我说："在泥里翻滚得久了，自然就不怕泥了。"

的确，对陈小姐来说，采访和写稿早已驾轻就熟。在工作的头几年，她一天要跑好几条新闻，数年如一日，风雨无阻，任劳任怨。她一人、一灯、一笔默默耕耘之时，却是他人酣睡之际。所以，那些人前沉默、不喜言语之人，也许在不为人知的夜晚正在默默奋斗着。他们一步一个脚印，脚踏实地地前进着。

这让我想起文子给我讲过的一个故事，她们部门有两个姑娘，M 和 Y。

M 是一个空降兵，一进单位就高人一等，深受领导器重。不过入职几个月，M 并未有太大的建树，每次部门举行会议，M 都不怎么发表意见。平时她也不爱说话，空余时喜欢安静地坐在位置上喝咖啡。"真不知道公司怎么回事，会挑这种绣花枕头，她能有什么能耐。""像个闷葫芦一样，就知道装高冷。"文子经常听到不少同事在背后议论 M，有些人甚至揣测 M 是走了后门进来的。在他们的眼中，M 除了长得好看外，简直一无是处，她就是一个不折不扣的花瓶。

而 Y 可以说是公司的骨干人员，在公司兢兢业业工作了好几年，已小有成绩。更重要的是，大家都很佩服 Y 的能力，她能言善辩，说起话来总是一套一套的。

几个月后，公司决定启动一个搁置已久的项目，这个项目早年只搭建了基本的架构，因为预算没有多少盈利而中止。这次公司重新把它拾起来，也是下了破釜沉舟的决心。但是这个项目如果再没有突破，M和Y所在的部门就可能面临解散。

这个项目看似是一块令人眼馋的肥肉，实则是一个烫手山芋——好吃，但不好拿。成功了，固然可以升职加薪；一旦失败，也极有可能丢了饭碗。

所以，当领导在会议上问谁觉得自己有能力，谁就可以挑选精兵强将组建自己的团队时，在座的几个主管，包括M和Y都面面相觑，谁都不想当出头鸟。

后来，还是Y第一个自告奋勇，说自己已经有了一个成熟的想法，自认为可以胜任这项工作。没想到，平时一言不发的M也表态想试试。于是，这场项目之争就在M和Y之间展开，领导要求她们各自写一份详细的方案，在下周的例会上由大家公开评估。

其间，不少同事都在议论这件事情。有些人甚至笑话 M，说她没有自知之明，当个花瓶做个摆设就可以了，何必自讨没趣。在绝大部分人看来，Y 当这个项目的负责人已是板上钉钉的事了。

开会那天，Y 率先讲解自己的方案，她陈词激昂，引经据典，大有指点江山之意。而 M 却泰然自若，从完全不同的视角分析问题，论述鞭辟入里，丝丝相扣。

最后，领导采用了 M 的方案。因为 Y 的方案看似高大上，却过于理想化，很难落地。而 M 的方案则是在客观分析市场的基础上另辟蹊径，达到后发制人的效果。

其实，不仅是方案，M 自己又何尝不是后发制人？在她的带领下，项目井然有序地开展，初见成效。这不仅让 Y 心悦诚服，也让 M 在公司的风评好了许多，同事们纷纷向 M 求教。

而 M 也知无不言，同时还推荐了不少专业书给大家。大家这才知道，原来 M 是从某所高校毕业的。之前她几个月的"不作为"，其实是为了了解当地的市场、公司的运转情况以及暗地里提升自己的能力。

后来，文子问 M 为什么在受人非议和冷落时，仍然保持沉默，不发一言。M 说："我沉默，并不代表我默认。我只是觉得与其跟他们争长论短，还不如集中精神做好自己的事。机会总是留给有准备的人，不是吗？"从此，文子也自动化身为小迷妹，成了 M 的粉丝。

所谓人心，大抵就是如此。我们厌恶一个人的时候，会本能地带着放大镜去寻找对方的缺点，而对他的优点却视若无睹。我们喜爱一个人的时候，才愿意从他身上剥离掉那些被我们过度丑化的缺陷，窥见他的美好。

很多时候，我们总是带着先入为主的观念，对一个人进行主观臆断，自以为那些夸夸其谈、口若悬河者，才思敏捷，能力出众，手段高超；而认为那些沉默的人，才疏学浅，羊质虎皮，一问三不知。我们觉得沉默是因为无能，不辩驳周遭的非议就等同于默认。

其实，我们身边不乏 Y 这样的人，因为自恃才高而沾沾自喜，整天飘飘然。当然，他们并非无能，只是太过心浮气躁，急于求成。这也是限制他们自身成长的一个瓶颈，他们难以有大作为。

而 M 这样的人，明明自身很有能力，却不会轻易表现出来，以致在很多人的眼中成了无能之辈。不过，他们并不会在意别人的目光，只专注做好自己的事。他们做事沉稳，有自己的目标和方向。

沉默的人如同渐满的弓弦，蓄势待发；如同毛竹的茎深入地下，熬过漫长的冬季，终能破土而出；如同猎豹捕食前隐藏声息，匍匐前行，静待纵身一跃的时机。

王小波说："我选择沉默的主要原因之一：从话语中，你很少能学到人性，从沉默中却能。假如还想学得更多，那就要继续一声不吭。"

沉默不仅能让人看到人性，还能让人学会隐忍和谦逊。不够强大时，你可以选择沉默，在他人看不到的地方慢慢积蓄力量。当你过于耀眼时，你仍可以选择沉默，像一株成熟的麦穗把头低下来，隐藏锋芒。

水深不语，人稳不言。哐当乱响的总是半桶水，翻涌的深泉却是悄然无声。那些总是标榜自身价值、处处彰显能力的人，大多徒有其表，外强中干。

那一天，我和陈小姐聊了很久，她依然谦逊、少言，没有向我炫耀自己如今的职位，反而向我询问工作上的一些问题。虽然我未能帮她释疑，但多少也给了她一些启发。尔后，陈小姐依然如初，我仍能从她偶尔发的微信朋友圈中感觉到，在那些不为人知的深夜，她依旧是一人、一灯、一笔，聚集着沉默的能量。

## 把握分寸，才能获得好的人际关系

交浅言深会让对方觉得你不可信任，也会让你获得很多所谓的"背叛"，甚至疏离你和对方的感情，不利于正常的人际交往。

我的第二份工作，是在下沙的一家网络公司。当时公司安排了住宿，我和另外两个男同事一起搬进了一套三室一厅的房子里。吴先生不喜言语，做任何事都是独来独往；而蔡先生则很健谈，是典型的自来熟。不过，我渐渐感觉到，比起吴先生的沉默寡言，我更害怕蔡先生的自来熟。

由于我入职时间比较早，蔡先生常常会问我一些工作上的问题。例如，这家公司运转如何、我打算工作多久、我的工资是多少，诸如此类。

有一次，我正在房间里上网，蔡先生直接推门进来，一屁股坐在我的床边，与我攀谈起来。不知道聊到了什么话题，他突然问我有没有找女朋友，我如实回答："没有。"

于是，蔡先生自顾自地说起他和自己女朋友的事。他说，他女朋友还在老家读书，他们是异地恋，几个月都见不了一次面。接着，他又讲了许多感情的经历，俨然一副情场高手的模样。然而，我只在他说话的间隙偶尔附和几句，一来我对这个话题并不感兴趣，二来他已经影响到我正常的休息。我只想快点结束对话，好早点去洗漱睡觉。

而蔡先生实在过于"健谈"，见我对这个话题不感兴趣，又马上向我吐槽说他的工作一点都不好，没有什么前途，抱怨领导不会管理、公司的氛围很差等。说真的，他对我如此推心置腹，反而让我有些惶恐不安。我不敢同他深谈，只是安慰他说工作毕竟是工作，不可能事事顺遂人意，与其想太多有的没的，不如做好当下的事。不一会儿，他悻悻然地走了。

不过，最让我感到不舒服的是，他喜欢跟我谈论隔壁的吴先生。他毫不避讳地说人家："都快三十岁的人了，还一天到晚地看直播，又不太讲个人卫生，沉默寡言，难怪这么大了还没有女朋友。"我想，如果吴先生知道他在背后数落自己的不是，可能会暴揍他一顿。

蔡先生跟我说这些时，我和他相识不过几天。老实说，对刚认识不久的人，这样知无不谈的交流方式，我从心底是抵触的。只是出于礼貌，很多时候我不得不陪他絮叨几句。

没过几个月，蔡先生便离职了。

时至今日，我都不曾找蔡先生聊过天，而他也未跟我联系过。也许对他而言，我只不过是泛泛之交罢了。其实，蔡先生倒不是一个思想阴暗的人，只是在建立友谊的初期，他的自来熟给我留下了一个先入为主的印象，我本能地觉得他不值得信赖，不可深交。

他和我这个仅仅共事几天的人都能推心置腹，如果我跟他讲了一些秘密，他极有可能把它们传到别人的耳朵里。虽然这种说法未免有些以小人之心度君子之腹，可是我得保证自己不受伤害。所以，自始至终我都跟他保持距离，不敢太亲近。

当然，不只是我，跟我同期任职的几个同事对他也都敬而远之。

所谓交浅言深，大抵就是如此。交情未深，甚至只有数面之缘，却谈论一些过分深入的话题，这样最直接的结果就是很难让人对你产生信任感，不仅初识时会被对方反感，即便认识久了，这种第一印象也很难改变。

不久前，朋友小娜找我诉苦，说她被一个朋友出卖了。在我的印象中，小娜是一个单纯却有点急性子的姑娘，所以，当时我的第一反应就是她可能受了欺负，我赶忙问她发生了什么事情。

小娜告诉我，她换了一家单位，由于市区房租较贵，她和一个同事L合租了一间房子。虽然她们在工作上并无太多交集，但毕竟住在一起，抬头不见低头见，所以没过多久她们就成了朋友。她觉得L人还不错，偶尔会跟L谈一些心事。

有一天晚上，小娜哼着小曲蹦跳着走进了房间。也许L听到了她的声音，便问她有什么好事这么开心。她也没有多想，就说她喜欢的男生给她回消息了。

之前小娜跟 L 说她没有男朋友，可现在却凭空冒出来一个，按最简单的逻辑推论，这很有可能是单位的某个男同事。凭着女人天生的第六感以及爱八卦的心理，L 打趣着问她："到底我们部门哪个男生这么有福，能入你的法眼啊？"

小娜难为情地笑了，说现在他们只是朋友，她还不清楚对方喜不喜欢她。接着，她又跟 L 说了很多，L 也像一个知心姐姐那样帮她分析，帮她出谋划策。

可是，没过几天，小娜发现一些同事看她的眼神有点怪怪的，而且她总感觉有人在谈论她。不仅如此，她喜欢的那个男生也对她有些爱搭不理的。小娜安慰自己说，这只是巧合，是自己想多了。

一个下雨天，下班后小娜忘了拿伞，又匆匆返回办公室，正想推门进去，却听到两个同事正在对话：

"你说小娜怎么会喜欢高先生呢？也不想想自己的条件，人家是名副其实的高富帅啊，哪能看得上她？"

"谁说不是呢！真是异想天开。难怪最近她工作总是心不在焉的,原来少女心泛滥了。"

……

她傻傻地愣在门口,半天才回过神来。喜欢高先生这件事,除了L,她没有对任何人提起。毋庸置疑,如今她被人在背后冷嘲热讽、高先生对她忽冷忽热,都是拜L所赐。

"咯吱"一声,小娜推开了门。

大概是察觉到小娜走了进来,那两个同事立马转移了话题,装模作样地忙起了工作,还故作关切地问她怎么突然回来了,是不是落了什么东西。小娜像什么也没发生一样,拿起雨伞就跑了出去。她怎么也想不明白,她出于信任而倾诉秘密的人,竟然背叛了她。

到了晚上,她回到出租屋,把白天发生的事向L叙述了一遍,问L为什么要出卖她,还有高先生是不是也知情了。见小娜气急败坏,L一脸茫然。L还没反应过来,就被小娜劈头盖脸地说了一顿,心情也不愉快,就从牙缝里挤出一句话:"你喜欢高先生这件事,你也没说不能跟别人说啊。"小娜正在气头上,L的这句话令她更加火冒三丈,她狠狠地摔上了房门,连续几天都没给 L 好脸色看。据小娜说，那几天她的眼神凶狠得像刀子，浑身散发着一股戾气，要是再让她听到有人在背后碎碎念她的八卦新闻，她肯定会跟对方来一场唇枪舌剑。

听到这里，我思忖了一会儿，给小娜回复了信息：

"你觉得 L 背叛了你，是因为你足够信任她。你不仅把她当室友、同事，更把她当交心的朋友。但是，在她的眼中，你们的交情并没有那么深，如果她跟关系更好的同事聊起你，很可能会把事情和盘托出。

"也许 L 并没有恶意，只是一时失言，却被你这等怨怼。早知如此，就算你求着她，她也不愿意听你这些秘密。"

屏幕那头，小娜没有激烈的反应，她只是简单地"哦"了一声，就不再说话了。过了几天，L 向小娜道歉，而她也原谅了 L。后来，小娜又从那天的两个同事那里得知，高先生知道此事并不是 L 说的。

其实，很多时候误会和所谓"朋友的背叛"，都是因为交浅言深。

朋友是建立在互相信任的基础上的，而不是一方的自我感觉良好。既然连真正的朋友都谈不上，又何来"背叛"一说？如果你和对方的关系没那么要好，那么你向他倾诉一些秘密，或是在背后议论别人，很有可能被第三方知道。

当然，我们不必觉得人人都伪善，不必认为每个人都那么坏，但我们至少得保护自己不受伤害。俗话说，言多必失，更何况是那些与我们关系平平的人呢？

记得小时候学过一个典故《智子疑邻》，大意是说宋国有一位富人疑心很重。有一天下大雨，墙塌了下来，儿子说："如果不赶快把墙修好，一定会有盗贼进来。"邻居家的一位老人也这么说。果不其然，到了晚上，富人家里失窃了。富人对儿子大为赞赏，却怀疑老人是小偷。这个典故告诫我们：交浅不能言深，否则有可能引火上身。

在生活中，我们也会遇到类似的情况。如果我们跟对方交情尚浅，而他又不是心胸宽广之人，就不要向他提意见。因为，他很有可能把你的好心当成驴肝肺，你们也可能因此而产生嫌隙。

我见过不少两个人在交往的过程中不注意分寸而导致关系陷入冰点的事。在建立关系的初期阶段，两个人无话不说，感觉跟对方像多年的老朋友一样，可是在一方浑然不觉的时候，或许两人的关系已经产生裂痕。

常言道，交浅言深，君子所戒。希望每个人都能把握好与人相处的尺度，拥有良好的人际关系，切莫交浅言深。

## 有原则地拒绝，是一个人必备的修养

在人际交往中，我们常常面临一个选择，就是对他人的请求，我们到底是说"Yes"，还是说"No"。也许我们都曾有过这样的经历，因为害怕破坏彼此的关系，所以勉强答应别人的请求。但是，即使你委屈自己迁就对方，你们的感情也不会因此长久。

其实，拒绝并非你想象的那么可怕，如果你懂得在什么情况下拒绝，又知道以怎样的方式拒绝，而这种拒绝又不会让你与对方产生隔阂的话。

到了一定的年龄，我们都会遇到这样的情况：一个几年未联系的人，突然打来电话或发来消息，邀请你去参加他的婚礼。老实说，我常常要认真思考很久，才能把对方的名字和长相联系在一起。所以，对于平时素无往来的同学或朋友，我通常是拒绝的。

可是，这种拒绝很难，因为凡是涉及人情往来的事都不是那么简单。除非你情商低到可以直接跟对方说："嘿，我和你关系没那么好，所以你的婚礼我就不去了。"

如果你不想分分钟躺进对方的黑名单里，还是把这种回答扼杀在摇篮里吧。

记得去年，C小姐突然发来消息，邀请我参加她的婚礼。可是，高中毕业后我们就不曾见过面，聊天次数也是屈指可数。所以，我简单地回复她："恭喜你啊，只是我最近工作很忙，抽不开身，下次有机会一定登门拜访。祝你们早生贵子，白头偕老。"C小姐也没有勉强，寒暄了几句便去忙自己的事了。我想，她已经心知肚明我不会去了。

当然，这是因为我只把C小姐看作一个普通的老同学，以后并不打算常联系。如果你遇到类似的情况，还想继续跟对方做朋友，可以托人送一件小礼物来表达一下你的心意。

不过，不管怎样，拒绝别人类似的好意时，在明面上必须找台阶给对方下。因为人都是有脸面的，扯破脸皮生硬地拒绝，与断交无异。

如此说来，拒绝不仅是人人必备的一项本领，更是一种语言艺术。不过，有时候拒绝并不是那么简单，尤其是感情问题，更是"剪不断，理还乱"。

譬如，我上大学时有个非常要好的朋友小玲，她是我的同班同学。小玲容貌清丽，身材姣好，不乏追求者。有一次，她无意中跟我谈起一个男生好像喜欢她，不过对方没有表白，跟她相处也都是朋友模式。我知道女生的直觉通常都很灵，尤其在感情上，所以我问她对那个男生是否有意思。她不假思索地告诉我，她对那个男生没有一点感觉，根本不可能在一起。于是，我便劝她跟对方保持距离。

很有意思的是，几个月后小玲又来告诉我，那个男生向她表白了。小玲叹了一口气说："唉，我也不知道他在想什么，他突然对我说喜欢我，可我对他真的不感兴趣。"

我满腹狐疑地问："你没有适当疏远他，让他知难而退吗？"

"也有吧,但毕竟之前他没有挑明啊,而且我和他怎么说也是朋友,他找我吃饭什么的,我也不好意思拒绝。唉,看来这回朋友都没的做了……"

看着小玲失落的眼神,我大概猜到对方是她很珍视的朋友。不过,正因如此,遇到这种情况更应该果断拒绝,将伤害降到最低。

常言道,无巧不成书。有一天,木先生找我打球,他是我的室友,跟我虽不是一个专业,但关系也算融洽。闲聊时,我意外地发现,喜欢小玲的男生竟然就是木先生。所以,我试着探了探他的口风。

他说,最近他的确喜欢上一个姑娘,虽然被对方发了一张"好人卡",但他隐约感觉对方是喜欢他的,不然就不会总跟他聊天、吃饭,所以他不会就此放弃。木先生这么说的时候,我分明看到他澄澈的眸子里闪着光芒。

其实,我知道不少人在拒绝对方时,总喜欢给对方发"好人卡"。大概意思就是,"你是个好人,但你不适合我""我没你想的那么好,你值得拥有更好的人",诸如此类。

可是，你有没有想过，在对方听来这更像赤裸裸的嘲讽："既然我那么好，为什么你不喜欢我？"更何况，这种含蓄委婉的拒绝并没有一针见血，因为不是每个人都能从爱情的幻想中清醒过来，木先生便是其中一个。

后来，我们换了宿舍。一年后，我才从别人的口中得知，木先生又被拒绝了，而拒绝他的人还是小玲。我也曾问过小玲，为什么她明明不喜欢木先生，却仍跟他在一起玩。

小玲说，木先生对她很重要，她不忍心对他说狠话，更不想失去这么好的一个朋友。可是，她不知道，有时候越不想伤害对方，反而伤得越深；对那个人越是仁慈，反而越是残忍。在拒绝一段感情时，一定要让对方彻底死心。在拒绝一段感情后，更要与对方保持一定的距离。你大可以说："不好意思，我对你没有感觉。如果你还喜欢我，对不起，我们连朋友都没的做。"

曾经，我也拒绝了一个喜欢我的姑娘，因为她并不是我喜欢的类型。有时候，拒绝是为了避免错误的开始，避免对对方造成更深的伤害。

我知道，时间会治愈一切伤口，也会让她遇到一个真正值得她爱的人。既然我不是一个养花人，又何必将她种在心上？

其实，就像拒绝感情一样，我们不好拒绝某件事，并非碍于事情本身，而是顾及对方的感受，尤其是面对我们在意的人。可是，我们真的不必为了迎合对方而为难自己。

许多人活得不好，原因就在于不懂得拒绝。

你正在学习或工作，朋友让你跟他们出去玩。因为怕朋友觉得你不够意思，你就放下手头的事，结果你浪费了一段宝贵的时光。

上司交给你一项紧急的工作，你硬着头皮答应了，结果没有如约完成，给公司造成了损失，同时也失去了上司的信任。

父母给你物色了一个他们认为不错的男孩，你半推半就地开始跟他交往，几个月后渐渐发现与他三观不合。你一直奔赴在相亲的路上，逐渐对爱情失去了信心，最后找个差不多的人将就着走进了婚姻。

无论是友情、事业，还是爱情，如果不懂得拒绝，对别人的请求总是照单全收，那么你只会活得越来越累，最终会迷失自己。

所以说，什么时候该拒绝、怎样拒绝，考验的是一个人的判断力和情商。当我们有足够的智力和阅历时，我们就会明白，拒绝并非千篇一律，而要看对象、看场合、看具体的问题。

通常来说，遇到这样那样的请求，你只要掌握好以下三点就行：

第一，朋友是否只是在利用你的感情

如果一个朋友一味地向你索取，从未给过你任何回馈，你不必再把他的假意当真心，因为你充其量只是他的一枚棋子、一道台阶、一个可利用的工具。你应该开诚布公地跟对方说："我不是你父母，没有义务一直照顾你。"

如果男友不再晒你们的照片，从来不跟他的同事、朋友谈起你们的关系，总是借口很忙，平时对你漠不关心，只有见面时才对你展现特别的关心，那就拒绝这种名存实亡的爱情吧。

也许你已经沦落为一个备胎，一个可有可无的人。这时候，你不妨勇敢地对他说："如果你不喜欢我了，那我们就分手吧，我不喜欢只有肉体没有灵魂的爱情。"

如果你喜欢的人拒绝了你的表白,却依然收下你送给她的礼物、鲜花,享受你对她的好,那就拒绝这种暧昧的关系吧,因为你充其量只是一张饭票、一张观影券、一个 24 小时在线的情绪垃圾桶和提款机。你不妨对她说:"如果你不喜欢我,那我们就做普通朋友。这些都是你男朋友该做的事,而不是我。"

第二,所求之事,是否超出你的能力范围

承认自己在某些方面不擅长,并不是一件丢脸的事。相反,若你不承认,一旦过程中出了什么问题,事后对方反而会责怪你,对你有所怨怼。你可以跟对方说:"很遗憾,你拜托我的事,我能力不足做不了,如果勉强接受,反而会造成你的不便。"

第三,嘱托之事,是否违背了你的原则和道义

面对不正当的事,就果断地拒绝吧。如果对方说你为人不仗义、不够朋友,那就干脆跟他保持距离吧。并大方地跟他说:"很遗憾,这个忙我不能帮,这已经触碰到了我的底线。"

拒绝，并没有你想象中的那么可怕。不要害怕因为拒绝一件事而得罪一个人，也不要害怕因为得罪一个人而失去一个朋友。你能得罪他，说明他和你只有利益关系；你会失去他，就说明他不是交心的朋友。

有时候，拒绝反而让你看起来更值得信任。记得曾经有人向我打探另一个人的隐私，我跟她说："我不能告诉你，因为我答应替对方保守秘密。"我原以为她会很生气，结果她很开心地说喜欢跟我这样的人做朋友。因为，无论以后她跟我说了怎样的秘密，我同样不会告诉任何人。

生活中，每个人都会遇到难处，我们应该力所能及地帮助他人。但是，我们不可能去参加每一场聚会，不可能答应所有人的请求，所以也没有必要委屈自己迁就他人。我们要拒绝的事情真的很多，拒绝不合理的要求，拒绝负能量的人，拒绝无用的社交，拒绝暧昧，拒绝平庸。

学会拒绝这项最重要的本领吧，不要碍于面子觉得那个"不"字难以启齿。它是你走向成熟的一个标志，是你在人际交往中始终游刃有余的保障，是你学会明辨是非曲直、懂得在为他和为己之间做权衡和取舍后，必须掌握的一项技能。

拒绝的原因有千万种,但是拒绝的准则却只有一条——进行充分的沟通,尽量得到对方的理解。世上的路有千万条,但是我们要走的路永远只有一条——让自己的生活越来越好。

拒绝,让你将时间和精力用到真正有价值的事情上去,让你以最快的方式走最少的弯路,去你想去的地方。

## 精准努力，把时间花在真正有价值的事情上

刘先生是我的大学同学，因为兴趣爱好广泛，他结识了不少朋友。不只是我们系的，别的系的人他也认识不少。他和那些朋友隔三岔五就会出去小聚。

当然，我和刘先生的关系只能说是一般，偶尔会一起打球。刘先生有些自来熟，而我又不热衷于交朋友。不过，当时我非常羡慕他的好人缘，毕竟呼朋引伴的生活看起来很是潇洒。

但是，后来发生的一件事改变了我的想法。

那天，我路过学校的篮球场，看到刘先生坐在地上，神情有些不自然。直到看到他脚踝处的肿胀和瘀血，我才知道他受

伤了。

由于不能随便移动，刘先生的室友叫来了校医。很快，刘先生就被抬去了校医院。经 X 光检查确诊，他脚踝骨折，当天就动了手术，打了石膏。虽然病情不是很严重，但他仍须住院。

第二天傍晚，我和几个同学买了点水果，前去医院看望刘先生。我们本以为病房里会很热闹，结果空空荡荡，只有他的舍友吕先生坐在椅子上低头玩手机。

见我们进来，吕先生连忙招呼我们坐下，接着又寒暄了几句，说我们人到就可以了，不需要这么客气，还告知我们刘先生的手术很顺利，让我们不用担心，这几天他们宿舍的几个兄弟会轮流来陪护。

吕先生这么说，我的内心莫名地升起一股暖意。据我所知，刘先生和他的几个室友关系并不是很好，至少在他的心中是这样。打球时他还跟我抱怨过，说有机会就换寝室。可是，正是这些不冷不热的室友在他最需要照顾的时刻挺身而出。

之后，我们又跟刘先生絮叨了一会儿，虽然他气色尚未恢复，但好在精神还不错。大概过了一两个月，我去他们宿舍串门，他脚上的石膏已经拆了，我便问他什么时候有空一起去打篮球。

他叹了口气，说道："没有心情再玩了。"

我猜刘先生的脚伤还没有完全好，就劝他多养养，等痊愈了再玩也不迟。结果，刘先生却告诉我，不是因为脚伤，而是几天前他收到了朋友发来的信息："你脚伤好得差不多了吧，我们打球还缺人，你赶紧来啊。"

发这条信息的正是他的球友。他未受伤时，他们常常一起胡吃海喝，可是在他住院期间，没有一个球友来看望过他，反而是一些平时看起来关系不那么好的同学经常去看他。就是他在宿舍养伤的这段时期，那些酒肉朋友也不闻不问。

要说他们不知情，那是根本不可能的，因为刘先生经常在朋友圈更新自己的伤势情况，评论的人有很多，唯独没有他们的影子。

这也是最让刘先生心寒的地方，那些称兄道弟的朋友，在他受伤时没有看望他、关心他，甚至没有给他只言片语的安慰。

他视他们为知己，他们却待他很淡漠。

不过，塞翁失马，焉知非福。经过这件事，刘先生和舍友的关系亲近了许多，再也没有换宿舍的想法，他看清了那些曾经称兄道弟的朋友。而后来我和刘先生又一起打球时，几乎再也没见过之前他那些球友的面孔。

即使时过境迁，每每想起此事，我仍感触颇多。因为我也亲身经历过这种情况。

读书时，我也有许多朋友，常常跟他们聚会，在金钱上也不计较那么多。因为，在我看来，我和他们的友情是不能用金钱来衡量的。但是，我也很容易犯这样的错误，就是把他们对我的不拒绝当作交心，过分看重人际关系。

我上大学时有一个关系很好的朋友，直到最近我才知道她结婚了，而她从未对我谈及此事。我并不吝啬份子钱，我也没有忙到抽不出时间买一张车票去她所在的城市。在我看来，至少我们朋友一场，我能为她送上祝福也是人生一大幸事。

人际交往中，最可怕的就是你对他推心置腹，他却觉得你可有可无。最终，还是时间帮我们过滤掉了那些"假朋友"——曾经一起吃吃喝喝、肆无忌惮侃大山的朋友。

我看过一句话，人的眼睛有 5.76 亿像素，却始终看不懂人心。的确，很多时候，那些看似吃在一起、玩在一起的朋友，充其量只是酒肉朋友。这样的人际关系不但不宝贵，还是负累。它消磨你的时间、精力、金钱，最后人走茶凉，什么也没剩下。

吃喝玩乐只是一种社交方式，大部分感情始于吃喝玩乐，毕竟吃都吃不到一起、玩都玩不到一块的人，很难在一起交流。所以，有不少人总喜欢借各种名义出去撮一顿。这种方式的确能交流感情，但是以吃喝玩乐作为维系感情的纽带，能有多牢固？它既抗不了生活的十二级台风，甚至也受不了生活的三五级地震，仅仅一个骨折就原形毕露了。

所以，不要因为想建立一些人际关系，就充大头随便请客吃饭，也不要轻易答应别人的邀请。因为你的时间是宝贵的，那些无效的聚会不仅对维持人际关系无济于事，还会慢慢地消耗你。

我的朋友小玉便是如此。她曾经很热衷于社交，有时候一天要赴好几场聚会，中午要参加一场咖啡派对，下午又要赶去旗袍聚会，过些天又要参加公司派对……好长一段时间,她都感到分身乏术。

当时,我就直言不讳地问她:"你每天参加这么多聚会,难道不累吗?"她的回答出乎我的意料,她说她也觉得累,但她感觉自己的社交圈子太小,想通过这些途径多认识些朋友。

于是,我问她战绩如何,该是朋友遍天下了吧?

小玉发了一个苦笑的表情,说没有太要好的朋友,大部分都是泛泛之交。她加了好几个群,平时没有动静,只有在有活动时才热闹些。

有时候,小玉明明有自己的事,却又不好意思拒绝别人的邀请。其实,她所谓的"邀请",只是对方随口问她:"有场派对,你来吗?"就是这句无关痛痒的话,在她看来却是盛情难却。所以,即便有正经事,只要能抽出时间,她也会化一下妆,挑一身好看的衣裳,屁颠屁颠地跑去参加聚会。

有一次,小玉的一个朋友所在的公司要举办年会,她竟然也跟着去凑热闹。其实,类似这种人数众多的聚会,无聊时去去倒也无妨,就怕明明没时间,还硬要挤出时间去参加,最后搞得自己身心俱疲不说，还打乱了工作和生活的节奏。

不过，最近小玉好像彻底从那些看似热闹的聚会中解脱了出来。我问她怎么突然就不热衷聚会了，她自嘲地说："突然感觉自己老了，不爱凑热闹了。"她说自己现在宁愿隔三岔五跟一两个好朋友出来谈谈心，或一个人坐在咖啡馆看看书，也不愿一群人吃喝玩乐闹哄哄的。

我表面上打趣她："都奔三了，当然不是小姑娘了。"但我心里知道，她只是成熟了、懂事了，明白什么样的生活方式对自己更有益了。

空闲时，小玉仍会参加一些读书沙龙、分享会等，但不是出于交朋友的目的，而是为了提升自我。

其实，每一段关系都离不开经营，但经营绝不意味着简单地吃喝玩乐。因为享乐是人类的共性，而在吃喝玩乐中产生的大部分快乐都是感官上的共鸣，并非发自内心的理解和认同。所以说，吃喝玩乐在人际交往中所占的分量是微乎其微的。

我碰到过一个人，活得有滋有味，对朋友也慷慨大方。今天请这个同事喝酒，明天请那个朋友吃火锅，后天又请大家一起撸串，两三杯酒下肚就开始满嘴跑火车，勾肩搭背，称兄道弟，一副相逢恨晚、愿为对方两肋插刀的样子。

可是，一旦有难处了，那些所谓的"朋友"就用各种理由搪塞他。为此，他怨愤不已。

平时他对他们那么好，总是带他们吃香的、喝辣的，真到了关键时候，他们却对他这么无情无义，他恨当初自己真是瞎了眼。最后，他也只能无奈地发出一声"朋友遍天下，知心无一人"的感慨。

其实，你大可不必抱怨人情淡薄，因为不是对方不把你当朋友，而是你高估了自己在对方心中的地位。你以为跟对方吃过几次饭、喝过几回酒，就可以跟对方推心置腹，但对方不一定把你当朋友，可能充其量只是把你当成一个可以蹭吃蹭喝的饭友。

有人说："朋友就像春天的花，待到冬天就都没有了。"其实，这些连四季都不能轮转一圈的朋友，算不上真朋友。兄弟不是喝几回酒就能喝出来的，闺密也不是吃饭、合照、发朋友圈这么简单。

那些能称为"兄弟"或是"闺密"的朋友,哪一个不是陪你一起疯过、傻过、哭过、笑过,既能在你意气风发时送上祝福,也能接受你最丑、最糟心的样子。

朋友走的是心,而不是肾。

那些只在一起享受物质的朋友,大多不会长久。就像一朵盛放的花,可能周围飞舞着许多蜜蜂和蝴蝶,但是当它凋零时,它们不会傻傻地环绕其间,而是换个地方采蜜或飞舞去了。

仔细想想,人又何尝不是如此?我们挥霍时间、精力和金钱,自然能吸引到很多所谓的"朋友"。一旦我们落魄了或有难处了,那些靠吃喝玩乐结识的朋友,不但不会念你曾经的好,甚至有可能压根忘了你的名字。

现实就是如此,锦上添花的人有不少,雪中送炭的朋友却不多。庄子曾言:"君子之交淡若水,小人之交甘若醴。"大意是:君子间的交情,不强求、不苛责,就像水一样平淡。而很多人,相处时看似浓情蜜意,实则只是酒肉朋友。

真正的朋友是一种精神上的共鸣，不会因为时间的流逝而疏远，不会因为距离的遥远而阻隔，不会整天都腻在一起。也许你们一个月打不了一次电话，一年也见不着一次面，但在彼此的心中都占有一席之地，一旦你遇到什么困难，他一定会倾囊相助。

我们每个人都需要朋友，但可以少一些建立在吃喝玩乐上，多一些同甘共苦、共同进步的人际关系。

## 你的善心，必须有些锋芒

几个月前，部门新来了一位同事陈先生。

第一眼看到陈先生时，我下意识地觉得他还是个"孩子"。虽然陈先生的个子并不小，还略微有些发福，但他笑起来时略显宽大的脸上总会浮现出两个酒窝，充满着稚嫩。

事实上，陈先生毕业尚未满一年，社会经验很少。对于其他人来说，这样的人或许很好相处。

由于公司有员工宿舍，陈先生又是外地来的，理所当然地住进了单位的宿舍。这也导致他对生活和工作的界限甚为模糊，常常在下班后仍待在办公室里。如果赶上我值班，我会喊陈先生一起去吃晚饭，但他常朝我摆摆手说："不了，你先去吧，等我把这些工作忙完了，自己去外面买点吃的。"

于是，我只能一个人悻悻然地走了。等我吃完饭回到办公室，他仍一个人盯着电脑，手指在键盘上来回敲，或是把头靠在椅背上闭目养神。

当然，陈先生之所以无偿加班，并不是没在上班时间完成本职工作。早前一个同事离职了，陈先生接手了对方一半的工作，以致每天他上班异常"充实"，有时连上洗手间都匆匆忙忙，不容休息片刻。

除此之外，陈先生还很受"欢迎"，常常受人所托处理一些琐事，例如整理一些文件、打印几份 Word 文件。不过，令我感到奇怪的是，对这些额外的工作，陈先生竟全盘接受，丝毫没有怨言。这一方面当然是因为他憨厚老实，另一方面是因为他胆子很小，作为一个刚进公司不久的晚辈，他不敢得罪那些比他资历老得多的前辈。

所以，我看到陈先生时，他总是无精打采的，红色的眼眶，浓重的黑眼圈，满脸的疲惫。

偶尔，我也会打趣他："你这是晚上去做贼了吗？"他笑着说："没有，就是晚上没睡好而已。"

尽管他笑得天真无邪，可我心里不免有丝不忍。

因为，我曾经也跟陈先生一样忽视自己的感受，觉得对方高兴就好了。那时，我刚进单位的新闻部工作，部里的大部分人都很好，尤其是带我的两个"师父"，对我更是不遗余力地悉心指导。

有一天中午，我扛着摄像机大汗淋漓地从外面回来。丹姐问我："今天你应该没有采访任务吧，中午干吗去了？"见她一脸的莫名其妙，我便如实地告诉她，有个同事让我去帮忙，所以我就跟着去了。丹姐叹了口气道："你也太好使唤了，如果你有自己的事情，不一定要跟他们去的。"

其实，丹姐说得不无道理。一来，每次我们出去采访都两人一组，所以谁和谁搭档基本都是事先定好的。在完成分内工作的情况下，我完全有理由拒绝他们。二来，好几回我的确是牺牲了午休时间，甚至来不及吃午饭。只是那时我觉得，他们找我帮忙是认同我，而我也可以锻炼自己的能力。

不过，与我相比，陈先生却是有过之而无不及。有几次，我发信息给他，让他别那么好心，没有义务总是帮别人做那些超出自己工作范围的事。可是，陈先生反而让我别放心上，他觉得自己初到公司，帮前辈做一些力所能及的事也在情理之中，更何况他还能从中学些东西。

学习？同事们委托陈先生的事情，都是些鸡毛蒜皮的琐事，不需要动脑，却十分耗费精力。不过，我也不好意思跟同事谈及此事，不然等于出卖了陈先生，日后可能让他受到排挤。

善良固然是好事，乐于助人也值得赞赏，可是我想对陈先生说："你的善良，真的失去了底线。"

如果同事找你帮忙，你有时间也有精力，帮忙只是举手之劳当然未尝不可。但如果你自己正忙得焦头烂额，又何必勉强应承下来，牺牲自己的空余时间，一个人默默完成那些本来不属于你的工作呢？如此一来，你不仅对他们的颐指气使逆来顺受，甚至还给他们找了冠冕堂皇的理由。

也许，你以为通过这样的方式可以改善人际关系、换来好人缘，事实上，不少人并没有把你当成真正的朋友。他们只会口头上说感谢，然后继续一次又一次地占用你的时间。

我甚至可以想象那些套路，他们会面露愧色地对你说："不好意思啊，又来麻烦你了""帮个忙，改天请你吃饭"……

于是乎，你又屁颠屁颠、乐此不疲地帮助他们。

至于那些交接的工作，也许你不知道，而我也未曾跟你说过。

之前，我听一个同事说，有一次她跟领导谈到你，说你的工作量太大了。领导却说："反正小陈也没跟我提这事，那就让他继续做着吧。对于公司来说，这样挺划算的。"

你看，你的善良又一次被利用了。你付出了比别人更多的努力，却换来与自己的付出不相匹配的薪水，以及前途未卜的未来。说真的，当时我是有些愤怒，却不知道这种愤怒的根源到底是什么。

领导的做法我不能苟同，他自然是站在公司的立场上最大限度地节省支出，而你为什么就不能站在自己的角度思考问题，对自己善良一些呢？你为什么不直言不讳地跟领导谈谈："我有点忙不过来，希望有个人帮我分担一下。"

我喜欢你的善良，但对你的软弱很愤怒。你的硬扛硬撑、你的孤立无援、你的疲惫不堪，其实都是你过于善良造成的。

这就是为什么我不喜欢那些过分善良的人的原因，他们看起来总是很伟大，宁可自己吃亏，也要让对方满意。他们对谁都好，唯独对自己不好。如果善良是让自己吃亏，而且是不断吃亏，其实是对自己的极度不负责。

不要让善良束缚了你，扼杀了你的自尊心。善良不是懦弱，更不是懦弱的借口。对人善良，并不意味着你要吃亏，也不意味着你要受人欺负。"人善被人欺，马善被人骑"，你越善良，对方就越会觉得你是个好捏的软柿子，你也就越容易陷入一种恶性循环。

你真的不必委屈自己去成全别人。有谁会心疼你的付出，有谁会体会到你的善良，又有谁原谅你因为忙于那些琐事而在工作中犯的一些错误呢？

所以，近半年来你一直像边缘人一样，做着一些并不重要的工作，到处填漏补缺。你俨然成了一个塞子，哪里漏水堵哪里。而在领导的眼中，你也成了无能之辈，你最大的价值就是你愿意牺牲自己的时间，做一些别人不愿意做的工作。

几天前发生的一件事，更是让我无言以对。

那天，陈先生负责文字排版工作，而同事W负责校对。作为工作几年的老员工，W有些散漫、随性，他匆匆校对完就回家了，只剩下陈先生一个人在那里忙活。

第二天，陈先生就被领导叫去问话了，因为他的工作出现了一个很大的错误。他给领导的解释是，W跟他说过那个地方要修改，但他太忙忘了修改，下次一定会多加注意。

事实却并非如此，是W没有看出来那个错误，所以责任在他，而非陈先生。可是，陈先生怕W被领导训斥，也怕因此与W结怨，所以宁愿说是自己工作失误，他觉得这样对彼此都好。

我神情有些愕然，对陈先生说："其实你不必这样，这种问题照实说就可以了。"陈先生却告诉我，他已经习惯了，反正事情也不大，这个锅就自己背吧。

其实，这并不是陈先生第一次背锅，初来单位时，他就发生过类似的事情。当时由于工作的需要，他得学习一些新技巧，虽然难度不大，但需要注意的地方却不少。那段时间，陈先生的工作表现不尽如人意，错误频出，好几次被领导叫去谈话。我总是见他神色慌张，一副唯唯诺诺的样子。

事实上，陈先生犯的一些错误不能全怪罪于他，而是带他的人忘了跟他说需要留意的地方。但陈先生不愿意把这个锅甩给对方，当时他觉得自己是新来的，即使在工作上犯些错误也可以被原谅，更何况他跟对方关系很好，所以不想让对方为难。

你看，陈先生不仅善良，而且为人仗义。可是在我看来，这并不是一件好事，尤其是对陈先生来说。

陈先生在上家单位任职时，就出现过不少这样的情况，最后他在那里待不下去了，只好离职了。当时，他是被个别同事挤对，被穿小鞋，与现在的情况略有不同。现在，他再多背几次锅就真的成"背锅侠"了，等背的锅多了，离走的日子也就不远了。

真正的善良，不应该是吃亏。那些毫无原则、是非不分、对谁都无限制的善良，真的已经失去了底线。没有底线的善良，不过是愚蠢罢了。

## 情商高的人，会体察别人的情绪

情商低是一种什么体验？

大概就是别人感冒时只会劝人多喝水，讲笑话让人感觉是嘲讽，喜欢借唱反调来吸引别人的注意，把毒舌当幽默，把口无遮拦当耿直。总之，情商低的人似乎总能戳到你的愤怒点，或者让你无言以对。

在我认识的人中，要说情商低于海平面，大概就数李先生了。

记得去年冬天，我和几个同事去东沙小镇吃饭，到了预订的包厢，李先生坐在靠近门口的位置。

由于桌上摆的是用保鲜膜包裹的餐具，我们将一只杯子用热水烫过后，便将盥洗杯子的水倒入另一只没用的杯子里。唯独李先生，"唰"的一声，不假思索地将水倒在地上。

邻座的L小姐见状，便说："水倒地上不好吧，等会儿还要上菜，容易滑倒。"

李先生笑笑说："没事，我这人比较随性，再说就这么点水，一会儿就干了。"

其间，服务员端上来一道羊肉煲，这是我们最期待的主菜，米白色的砂锅架在小型铁架上，下面蹿动着青蓝色的火苗。锅内乳白色的汤汁浓郁香醇，几块若隐若现的羊肉和白萝卜上点缀着些许青绿色的香菜，光闻那味道，就足以令味蕾蠢蠢欲动。

可没等汤汁沸腾、香菜解尽膻味，李先生就站起身来，夹了几根香菜咀嚼了起来，还自言自语道："你们都不爱吃香菜吧，我爱吃。"没过多久，香菜就被他捞完了。那时，锅里的羊肉汤才开始咕噜咕噜冒小泡。

当然，这只是一件小事，大家并不会放在心上。李先生的这种"随性"已然是常事，但凡跟他相处久的人，都感觉他不容易相处。

不可否认，每个人都会有脑子短路的时候，包括我自己——我觉得自己也不是一个情商很高的人。甚至，有段时间我也替自己的情商着急。

不过说真的，有时候李先生的情商低到让我开始怀疑人生。

别人想换个口味，喝一杯奶茶，他莫名其妙来一句："哎呀，这么有钱怎么喝起奶茶了？不符合你的身份啊！"他以为只是调侃，殊不知，对方内心的独白是："你不说话，真没人把你当哑巴。"

一个姑娘好不容易花半天时间修了图，在朋友圈发了一张美美的照片，他直接留言："你的 PS 技术真好。"嘿，他还在想着对方怎么不回复他。说实话，对方不拉黑你已经是宽宏大量了——你这不是夸奖，反而像嘲讽。

你端了一盘水果给大家吃，本来气氛很好，大家也对此表示感谢，而你却说："没事，就是因为快要坏了，所以才给你们吃的。"也许你没有注意到，大家的脸上满是尴尬。

情商低的人有多可怕？

就是你永远不知道他的下句话会让人怎样咋舌。你真的分不清，他哪句话是真、哪句话是假，是在开玩笑还是在嘲讽。而最可怕的是，他通常都不知道自己情商低，还总觉得别人不理解他。

什么叫情商？按最简单的来理解，情商就是理解他人以及与他人相处的能力。

一个人的人际关系会间接暴露他的情商，情商低的人，在复杂的人际交往中很容易得罪人。他们自以为很直率，在别人看来却是说话不经大脑、口无遮拦。他们的玩笑，很多时候让人感觉是戏谑和嘲弄。有些人凡事一丝不苟，其实是斤斤计较，爱钻牛角尖。

他们不但可能缺少朋友，更有可能失去爱情。

不久前，李先生跟女朋友分手了。原因是对方觉得与他三观不合，聊不到一起。李先生却认为是对方无理取闹，太矫情，他还举了一个例子。

有一回，女朋友感冒了给他发信息，说自己发烧了，39℃。

当时，李先生正在看视频，便简单回了三个字："多喝水。"女朋友一句话都说不出来了。后来，他看完电视，刷朋友圈，发现女朋友发了状态，大概意思是感冒了，求关心。

李先生突然不高兴了，为什么有他这个男朋友，女朋友还向别人寻求安慰？于是，李先生就问女朋友，为什么跟他说过了，还发朋友圈？难道这么喜欢刷存在感吗？

对方不做辩解，反问他："你知不知道哪里错了？"李先生一丝一毫没有觉得自己错了，抛出了一句："反正你爱怎么想就怎么想！"后来的那几天里，他们一直在冷战。

李先生带着哀怨的眼神望着我说："我让她多喝水有什么错？感冒了本来就是要多喝水啊，这是连小孩子都知道的常识！"

我说："人家只是想要你的关心,你说一句'多喝水',即使是真心诚意的,在对方看来也只是在敷衍。你想,她特意告诉你她发烧到39℃,难道只是想要你说一句'多喝水吗'?任何人都做得到的事情,要你这个男朋友干吗呢?"

李先生沉默了,而我也纳闷起来,情商这么低的人,竟然还能交到女朋友。

有句话说,"嘘寒问暖,不如打笔巨款"。其实,你不需要打巨款,如果有时间就亲自去看她,如果忙也要表现出足够的在乎和关心,不管怎么样,那都好过冷冰冰地回复三个字:"多喝水。"

更何况,男性和女性的思维本来就不同,因为无论哪个问题,你是对是错,到最后都会演变成:"你为什么要吼我?""以前你对我不是这么凶的啊,你是不是不爱我了?"

所以说,情商高的人懂得在什么时候妥协、什么时候服软,毕竟吵架需要两个人,闭嘴只需要一个人。而情商低的男人,则会选择吵架,甚至是冷战。

可是，吵赢了，你失去了她；吵输了，你自己更不快乐。因此，何必死钻牛角尖，争得脸红脖子粗呢？很多时候，她需要的不是针锋相对的辩论，而是积极认错的态度；不是质问，而是信任。

其实，我知道李先生并无恶意，或者说他的确是出于好心，可是他情商低的样子，真的不是那么受欢迎。

你遭了那么多的冷眼，感受过那么多尴尬的气氛，却仍没有意识到自己的情商低，这才是你人际交往中最大的阻碍。我真的难以想象，它会对你今后的生活造成多大的阻碍。

平时素面朝天的同事，难得化了一副精致的妆，你却莫名其妙地跑去说一句："这得擦多少粉啊，都可以'摊煎饼'了。"也许，你自以为是在开玩笑，但很多时候你讲的不是笑话，也不是冷笑话，简直是西伯利亚寒流，能让周围的空气瞬间凝固，气氛尴尬到极点。

领导交代你一件小事，你一副很不情愿的样子，还当着不少同事的面振振有词道："不是我的工作范围，为什么要我去做？"就算你爱憎分明，不喜欢对方，但是在公司他是你的上司,又何必当众驳他的面子,让他难堪?

我曾经看过一个段子:"脑子是个好东西,我希望你也有。"或许你缺的不是脑子,而是情商。智商固然重要,但情商才是人与人交往的关键。

情商高的人,通常也有较好的人际关系,他们有更多的机会与人交流。而情商低的人则可能陷入一种死循环,他们越没有朋友,就越容易孤独,越想引起他人的注意,也越容易在人际交往中用力过猛。

但是,这样往往会让人避而远之,导致他们疏于交流,很难体察别人的情绪,感觉不到对方细微的感情变化。

对方突然说有事要忙了,可能就是想结束一段不愉快的对话,而你仍在夸夸其谈,满嘴跑火车,丝毫没有要停下来的意思。你讲了一个不合时宜的梗,对方开始频繁皱眉,你还是偏要哪壶不开提哪壶。

你这样的情商,别说高于喜马拉雅山了,简直是低到马里亚纳海沟。

如果是在游戏里，也许还没等被对手干掉，你就先被队友 pass 了。很可能你还会反过来责怪队友为什么把你卖了，但是你有没有考虑过，你那些无心的话和玩笑，有时候真的很伤人。

追根溯源，情商低的人，一方面是缺爱，所以无时无刻不在刷存在感，想要博取眼球，寻求关注，一旦有人与自己关系要好，就会过度依赖对方；另一方面，他们自卑，又容易钻牛角尖，常常容易片面或者过度解读别人所说的话，觉得这个世界对他们充满深深的恶意。所以，情商低的人，身上往往充斥着一种戾气，或乖张，或怨怼。

最后，情商低的人敏感而偏执。在他们的思维里，大概是"只许州官放火，不许百姓点灯"，即我可以开你玩笑，但你开我玩笑试试，分分钟把玻璃心碎成碴给你看。

这也就是为什么那些情商过低的人喜欢哗众取宠，故扮幽默，情绪起伏如过山车一般。

但是，为什么你不能试着站在对方的角度去思考问题？为什么要在一段话结束时，若无其事地补上一句伤人的话？为什么要放纵自己的情绪和坏脾气？

有些话，放在心里就可以了，不必说出来。有些人，与你关系真的没那么好，不要开一些不分轻重的玩笑。

有些事，过去了就过去了，不要当成梗，拿出来反复调侃。你也不必觉得全世界都抛弃了你，因为每个人都没那么多时间去跟你闹别扭。

要知道，性格决定了双方能不能做朋友，情商决定了双方能不能一直做朋友。

其实，在最初相遇时，每个人都可以成为朋友。只是我们越长大，越发现时间、精力有限，越喜欢跟那些相处不累的人在一起。因为，与情商低的人在一起，真的很累。

所以，如果你想成为一个受欢迎的人，真的应该改变一下自己，学会察言观色，尽量不要让对方难堪。你应该学会如何幽默，而不是让人沉默。

希望李先生有欢笑、有歌、有朋友。

## 不计较，才是最大的计较

人生没有那么多的等价交换，不必凡事都斤斤计较。

我的大学室友赵先生，就是个爱计较的人。当然，刚进宿舍那会儿，大家都没意识到这一点，直到后来有一次，他与张先生大吵了一架。

那天，张先生在水房洗头，洗到一半时突然意识到自己没带洗发水。他弓着腰，拽着领子，顶着一头湿漉漉的头发进了宿舍。着急忙慌中，他随手拿了一瓶洗发水，又急匆匆地回去洗头了。

到了晚上，赵先生要去洗漱，发现自己盆里的洗发水没有了，遍寻不着，最后在张先生的脸盆里发现了。不过，令人诧异的是，他并没有将它及时放回自己的盆里。没过多久，张先生回来了。他前脚刚进门，赵先生就没好气地问："你是不是拿了我的洗发水？"

张先生一脸茫然，愣了好一会儿，才恍然大悟："不好意思哦，我不知道那瓶洗发水是你的。早上洗头的时候，我自己的洗发水找不到了，又赶着去上课，就顺手用了。"

但是，赵先生却不满意这个解释，一脸的阴沉，气急败坏地说："以后不要随随便便拿我的东西，洗发水没了，你自己不会再买吗？"

老实说，那声音有些尖锐，着实把我们吓了一跳。而此时，张先生似乎也有些不高兴了："我承认是我不对在先，但只是用了一点洗发水而已，你至于发这么大的火吗？"他怎么也没想到，自己一个无心的举动，竟会被人这样看待。

于是，双方你一句我一句，吵得越来越凶。

幸好我们及时劝阻，这一场因为洗发水引起的风波，才就此平息。

可是，那之后，我们都知道了赵先生的脾气，与他相处时都规规矩矩的，不敢越雷池一步。他的任何东西，我们都不敢拿，生怕他少了点什么而怪到我们头上。其实，这原本就不是什么大不了的事，尤其是对大大咧咧的男生而言，这压根都不算什么事。

如果你觉得有人会蠢到偷你一瓶洗发水，还堂而皇之地放在自己的脸盆里，那真不知道你是在侮辱自己的智商，还是在侮辱他人的智商。如果你因为室友错拿了你的洗发水，而跟他大动干戈，那我禁不住要怀疑你的情商了。

所以，那次你喝多了问我，为什么你的人缘那么差，大家都不喜欢跟你打交道时，很抱歉，我真的不想说。

大概，我算不上你的一个好朋友，不能直言不讳地告诉你，有时你真的太过于计较了。你的计较，让人感觉你难以相处，与你时时刻刻像隔了一堵墙。说真的，人生没有那么多的等价交换，你不必凡事都斤斤计较。

室友用了你的洗漱用品，你就横眉冷眼，一副苦大仇深的样子；朋友刷了你一次饭卡，你都会反复提醒对方下次要还；女生不过让你帮忙去买瓶水，你就急不可待地伸手问她们要钱，说不给钱就不去买。在你的字典里，似乎永远没有"吃亏"两个字——即便一毛钱，也舍不得替别人花。

在我看来，那些喜欢在小事上，尤其是在小钱上计较的人，不但愚蠢，而且没品。你让对方错误地认为，他们和你的交情在你的眼中比不过二十几元的洗发水、七八元的一顿饭，甚至一元的矿泉水。

你看，就因为这些毫不起眼的小事，别人可能放大你的缺点，忽视你所有的优点。每一次你在小事上斤斤计较，都是在把对方拒之门外。

后来我才明白，你不仅对别人计较，对自己也计较。你网购了一件衣服，穿了没几天就开线了，于是你抱怨质量太差，后悔不已；在食堂吃了十天半月，偶尔出去撸一次烤串，回来你就感叹说自己太奢侈了。

最初，我一直以为你可能有什么难言之隐，直到后来你跟我们说你家里拆迁得了几套房子，有些还租了出去，我们这才知道，你在金钱上的锱铢必较，并不是因为穷，而是你在过去二十几年的生活中耳濡目染养成的习气。

我真的想跟你说，你那不叫节俭，叫小气。明明可以过高质量的生活，却偏偏要过低配版的人生。而那些不计较的人，更让人喜欢和信任，他们拥有好人缘，也更容易获得成功。

有一家我常去的水果店，离我家并不算很近。

我第一次去那里，只是下班后偶然路过，见里面很热闹，就买了些水果回去尝尝。几次下来，我发现这家的水果价格公道、口味不错，而且店主很大方。

如果我买的是李子、葡萄这类的水果，结完账，店主都会往我的袋子里多添上几颗。如果差了几毛钱，他就直接给我免了。当然不仅是对我，他对每一个顾客都是如此。大概许多顾客跟我一样，不知不觉间就被这样的不计较"收买"了。

不过，后来我发现，他并非每一件事都不计较。

有一次，我去他们店里精挑细选了一个大西瓜，不承想，回家一切竟然是一个白瓤瓜。失望之余，我也只有自认倒霉，毕竟自己选的西瓜，不甜也要吃完。

第二天，我跟店主吐槽说："昨天手气不好啊，在你家买的西瓜是个白瓤瓜，倒还算新鲜的，就是不怎么甜。"不料店主一脸的讶异，回道："不会吧，我家的西瓜一直很好啊。要不这样吧，今天送你一个，保证好吃。"

还没等我反应过来，店主就凑了过来，捧起一个大西瓜，左敲敲、右颠颠，说这个瓜好，让我拿回去尝尝。

我拒绝了他的好意。一来，我并不是一个好事的顾客，当时这么说完全出于无心；二来，买西瓜是个技术活，买到白瓤瓜也是常有的事。于情于理，我都没有理由接受他送我的西瓜。

可没想到店主却说："你如果不要，就是坏我们店的招牌。如果觉得好吃，就帮我多宣传宣传好了。"说到这里，他憨厚地笑了。

其实，哪里用得着我宣传，他们店的生意一直很好。要说原因，水果的品质和价格固然是一方面，但我想，更多的人，尤其是一些老顾客更看重的还是店主待人接客的方式。最后，实在是盛情难却，我只得抱上沉甸甸的西瓜。

临走前，我又好奇那些扔在水桶里的水果是干什么用的。

店主笑着告诉我，那些都是变质的水果，不仅卖相不好，而且万一让客人买走吃坏了肚子，到时候一传十、十传百，会影响他们店的口碑。与其将烂水果打折卖掉，还不如扔掉来得彻底，这不是做生意亏点钱的问题。

你看，我不仅被这个西瓜，甚至还被那些烂水果给"收买"了。如果以后不去他的店里买水果，我自己都觉得不好意思。

由卖水果到卖人情，店主看似不计较的背后，实际是"真计较"。他计较的绝不是几毛钱的蝇头小利，而是商店的信誉、品质以及口碑。

因此，真正的不计较绝不是让自己吃亏，也不是对什么事都无所谓，而是小事不计较、大事不妥协。这种不计较，随着时间的推移，可能越发有益。

所以说，不计较，才是最大的计较。那些爱计较的人和不计较的人，差的不仅是情商，更是格局。也许我们很难定义，一位喜爱网购的姑娘和一位喜欢在商场购物的姑娘孰优孰劣，但是，如果一方因为价格相差几十元而郁闷不已，那么她的格局想必也不会很大。

就像前不久有一个姑娘向我抱怨，她网购的衣服刚穿上没几天就降价了。原先两百多元买的衣服，一下子便宜了三十多元。于是，她去找客服理论，觉得自己"吃亏"了。

可是，对方的解释有理有据，拆了吊牌影响二次销售的衣服是不能退换的。至于那个差价，因为她不是在活动时间内购买，所以也不能退还给她。

这让姑娘更加生气，于是将她和客服的聊天记录一同发到了评论上，并留言说那家店铺的服务态度太差，以后再也不会买那家的东西。

而我也只能莞尔一笑，劝她别把这件小事放在心上。

我想，姑娘啊，三十几元就买走了你几天的快乐，还让你在别人眼中变成了一个无理取闹、爱找碴儿的顾客。同时，这也证明，你的格局真的不大。

大部分姑娘都不会将诸如此类的小事放在心上，尤其是那些喜欢去品牌专卖店购物的姑娘更是如此。一来，很多门店几乎不能讨价还价；二来，她们也不会特意等到做活动时再去购买。

因为，她们消费的出发点是"我需要这样东西，它值这个价"。她们不会计较这样东西今天和明天在不同店铺的差价，即使她们看到别人穿了同款却便宜得多的衣服，也不会为此而烦恼。

你要知道，即使一个人暂时穷困潦倒，只要他建立起大的格局，仍然有可能把日子越过越好。所以说，格局与贫富没有直接关联，计较与贫富同样如此。

就像我的室友一样，他的格局并没有随着物质的增长而增长。所以，即便拆迁后他有钱了，他的格局仍然没有多少变化，仍然喜欢在一些小事上锱铢必较。

如果把人比喻成一个容器，他能装多少水，不是由外界的水决定的，而是由容器自身的体积所决定的。所谓格局，便是如此。愿你我都能不囿于琐事，不计较小事，将眼光放长远，将时间和精力聚焦到真正有意义的事情上去。

不计较，才是最大的计较。

## 即使是占小便宜，也可能付出大代价

爱占小便宜的人，迟早会吃大亏。

几天前，我和几个同事出去吃饭。H小姐挎了一个我从未见过的包，棕褐色的格纹图案，酒红色的皮质背带，煞是好看。

我打趣道："什么时候买的包啊，价格不菲吧？"

"不值钱，就是买来背着玩玩。"H小姐虽然嘴上这么说，但还是不禁喜形于色。

而坐在我身边的小宇，眼睛里放着光，脸上赫然写着"羡慕"两个字。因为，这也是她一直心心念念了好久的包，原本打算下次有朋友去香港时托人家帮忙代购，没想到竟让 H 领了先。

不过，小宇的眉宇间很快闪过一丝愁绪。她拿起包仔细端详了起来，问 H 小姐这包的价格。当 H 小姐说大概花了 3000 元人民币时，小宇露出一副难以置信的表情。

"不会吧，这么便宜？我记得香港免税店里还要卖 4000 元人民币呢！"于是，她问 H 小姐买这包的来龙去脉。

原来，不久前 H 小姐在网上认识了一个朋友，两人加了好友以后，她才发现对方是做代购的，而且每天都会在朋友圈发许多商品，明码标价，种类繁多。

起初，H 小姐是打算去专柜买的，但是她也好奇这款包的代购价格。所以，她就跟这位朋友谈及此事，对方说正好有她喜欢的那款包。

那款包的代购价格与专柜的相去甚远，不免让 H 小姐疑窦丛生。可是，对方的解释有理有据，说是商场经营成本高，有一部分钱加在了商品上面，而且她有特殊通道可以不通过海关，不需要交关税，更何况，她可以提供正规发票。见对方说得言之凿凿，H小姐动心了，脑子一热就买下了。

　　这便是H小姐买这个包的经历，她跟我们说起这件事时，脸上仍然很平静。而当小宇说这个包极有可能是仿品，高仿的价格充其量只有几百元时，H小姐显然有些不高兴了。于是，小宇连忙安慰她，说不是很懂这款包的人是看不出来的，她也只是因为自己计划要买这个包，所以特意查过一些资料，知道了辨别真伪的方法。

　　不过，H小姐仍没有表现出过激的反应，我想当时她也是半信半疑。直到过了几天，她才跟我们哭诉说她上当了，还一个劲地说自己眼瞎，脑子进水了。

　　因为，那几天她找懂行的人看了这个包，对方同样说她的包是高仿的。对方问包的价格，她只能尴尬地说是几百元买来玩的，真是哑巴吃黄连——有苦说不出。更令人心塞的是，她去找那个代购理论，没说几句话，对方就把她拉黑了。

　　所以，接连好几天，H小姐都闷闷不乐，不仅因为钱打了水漂，更是因为自己被人像猴一样耍了。其实，H小姐的心情，我也不是不能理解。如果最初她就抱着买仿货的想法，也就不会这么后悔。事实上，她花了与真货差不多的钱却买了一个仿品，心里自然不痛快。毋庸置疑，过错方当然是那个无良的卖家。可是仔细一想，如果不是爱占便宜的心理在作祟，H小姐又怎么会让对方有机可乘，钻空子呢？

或许，我们都曾经遇到过H小姐这种情况，尤其是网购时，纵使我们有火眼金睛也敌不过对方巧舌如簧。再老到的买家，也难免有马失前蹄的时候，毕竟就像老话说的那样"买的永远没有卖的精"。企图从那些精明的商人身上占便宜，无异于自己挖坑自己跳。讽刺的是，很多人明知这个道理，仍然乐此不疲。

有些人并不差钱，但是一旦有便宜可占，他们依然不想轻易放过，因为那似乎能够带来一种不同于消费本身的满足感。眼巴巴看着别人都占了这个便宜，如果自己不去占，就会感觉自己吃亏了。

所以，现实中这样的情况比比皆是。

超市打折促销，一大群人蜂拥而至，疯狂抢购。那些本来就快到期的面包、酸奶、水果和蔬菜，买回家后因为一时吃不完，等到坏了便被丢弃。

商场开始清仓促销服装，不少人一袋子一袋子往家里搬，美其名曰"有便宜不占白不占"，反正到时候可以送人，就算当睡衣穿也好。结果，那些衣服买来没穿几回就被扔在一边，有些甚至一次都没穿过就被压在箱底。

生活中，许多看似有利可图、有便宜可占的事情，正是利用了一些人爱占便宜的心理而设置的陷阱。

年前二姨来我家时，说跟二姨夫吵架了。二姨素来是一个心直口快、脾气急躁的人，所以，还未等她说具体发生了什么事，我们就已经猜到一二。

事实也确实如此。原来，二姨的几个朋友报了当地的一家旅行社，邀她一起去玩。二姨一看价格出奇地低，便毫不犹豫地答应了。可是二姨夫不放心，劝她不要去。

二姨听后，气不打一处来，瞬间就炸毛了，觉得二姨夫就是抠，她花自己的钱出去玩怎么了，又没让他一起去。二姨夫就跟她碎碎念起来，说世上没有这么好的事情，旅行社怎么可能做赔本买卖，还说看电视上报道，许多地方不购物就不让走。

可二姨似乎吃了秤砣铁了心，坚持要去。她偏不信，如果她不购物，他们还能强迫她买不成。更何况，跟她一起去的还有好几个朋友。

其实，我也是满腹狐疑，这团购的价格比单程机票都便宜，还包了住宿，任何一个头脑清醒的人都能猜到其中肯定有猫腻。

果不其然，没过两天，二姨就打电话给二姨夫，说后悔了，早知道就不去了。二姨夫细问之下才知道，原来那些导游跟当地的一些商家是串通好的，游客到了那里后被强制消费，如果消费不足就会被滞留在那里，二姨她们虽然不情愿，但是也无可奈何。回来那天，二姨拎了大大小小的袋子，买了好几千元的东西，这次旅游的开销与正常的自费游无异。

你以为占了便宜，却吃了亏。你不仅花了许多冤枉钱，还失去了游玩的心情，甚至破坏了家庭的和气。

那几天，二姨到处跟街坊邻居吐槽这件事。他们也去找那家旅行社讨过说法，可对方推得一干二净，说去旅行是他们自愿的，强买强卖的是那些商铺，旅行社没有任何责任，最后这件事只能不了了之。其实，类似的事情并不少见，有不少不正规的旅行社打着"特价游"的幌子，掩盖强制消费的事实。

诚然，那些耍小聪明的商家确实可气，但是让他们一次次如愿以偿的却是那些爱占便宜的人。追根溯源，正是他们根深蒂固的占便宜心理，才导致此类事件屡见不鲜。

因此，可怕的不是生活中的种种陷阱，而是许多人的无知和占便宜心理。他们不知道，天下没有免费的午餐，当他们还在为占了便宜而窃窃自喜时，也许生活马上会给他们一记响亮的耳光。

曾经看过一条新闻，一位赴美留学的女大学生毕业后竟然找不到工作，被多家单位拒之门外。她怎么也不明白，为什么没有单位聘用自己，明明她成绩优异，专业也对口。

有一次，她问面试官不录用她的理由是什么。经过面试官的一番解释，她才如梦初醒。原来，导致她面试一连串碰壁的罪魁祸首，竟然是她在上大学期间的逃票记录。

因为，美国公共交通系统是开放式的，也就是说买票全凭乘客自觉,没有人监督,也很少有站点查票。当初,她为了占小便宜,省下车票钱,屡次逃票,导致被纳入了个人不良信用黑名单。在许多西方国家,有信用污点的人是不受待见的,所以不少公司拒绝录用她。

也许她怎么也想不到,当初那些她看不上眼的小事,会在后来找工作时给自己造成如此大的困扰。可是,不管事后如何懊悔不已,事已至此,已经晚了。留学四年,投入的金钱不计其数,她省下了那些交通费,自以为占了便宜,实际上却透支了自己的信用值,导致在面试中屡屡碰壁。

她不仅失去了许多好的工作机遇,还白读了那么多年的书。这是大学没有教会她,而社会给她上的一堂课:当你为占便宜而窃喜时,同样得承担相应的风险,甚至付出超额的代价。很显然,她为这堂课缴纳的学费未免太高了。所以说,大部分看似占便宜的事情,其实是弊大于利。

那么,我们如何克服这种占便宜的心理呢?

首先,你要静下心来仔细分析,那些你眼中的"有便宜可占",究竟是骗局还是真的便宜。追求性价比没有错,但是要有自己清晰的判断。"一分钱一分货"，这是一条亘古不变的铁律。价格低于一定限度就违背了常理，对那些大幅度低于标价的商品，你要多留个心眼，不要因为一时的贪便宜而吃了大亏。

其次，你要仔细想想，即使你成功占了所谓的便宜，对你来说就真的划算吗？商场促销时，你排起了长队，你所支付的不仅是商品的价格，还有你在等待过程中所花费的时间成本。还有不少人为了占小便宜而盲目消费，就像那些东西不要钱一样。可是，即使一些商品打折力度再大，对你来说也要用真金白银去换。购买远远超过自身需求的东西，对你来说也是一种浪费。

再次，你要意识到，占便宜并不是一件小事，它可能影响到一个人的人际关系，间接影响到你的工作和生活。有些人表面上与你关系很好，有事没事总是邀你一起吃饭。但等到买单时，他们就找各种理由推脱，不是说今天忘记带钱包了，就是说最近手头有点紧。事实上，他们只是在利用你的善良，喜欢占小便宜而已。但你本人没有意识到，你一直在为自己的人品做减法。在与人交往中，如果一方总是喜欢占另一方的便宜，那么时间一久，就没人愿意与占便宜的人交往了。

最后,你要学会逆向思维,看到不占便宜的好处。不占便宜,你就不会限于眼前的蝇头小利,从而树立长远的目标,进而拥有良好的人际关系;更不会轻易上当受骗,反而能活得洒脱坦荡。

愿你明白,不占便宜就不会吃亏。

# 想成功，就要有高情商与大格局

## 无论何时，都要保持独立行走在世间的能力

前段时间，S先生向我抱怨他在工作上遇到的种种不顺，邀我坐坐。虽然我没有喝酒的心情，可实在拗不过就去了。

S先生是一个精明甚至有些滑头的人，长着一张看起来就十分聪明的脸。一见面，他就开始喋喋不休。

由于近几年经济不景气，S先生所在的公司开始大规模裁员，而他们部门因为没有盈利，第一个被拿来开刀。很不幸，S先生和他的不少同事，甚至他的上级都被辞掉了。

卷铺盖走人之后，S先生在家闲了两三个月才找到一份勉强凑合的工作。不仅与他之前的岗位相去甚远，而且工作了半年，

任何升职加薪的机会都看不到。我只得劝慰他不要担心，他刚过考察期没多久，也许公司在试探他。

"得了吧，还试探我？就那家小破公司，要不是我虎落平阳，还不稀罕呢。"S先生立马打断我，继续说，"当初我想转正，公司就各种卡我，挑我工作上的毛病。现在我好不容易转正了，又让一个毛头小子爬到我头上，你说凭什么！"

说到这里，他愤愤地咬了咬牙，脸颊两侧的肌肉因为激动而微微抽搐。他将目光移到我的脸上，带着些许愤怒和哀怨，仿佛我就是那个阻碍他升官发财的浑小子。

老实说，听到这里我也有点为他抱不平了，于是便问他那个小伙子的能力怎样。

结果，S先生很不屑地告诉我，对方是某名牌大学毕业的，暂且不说学历和能力如何，就看那小子在上级那里毕恭毕敬，在他们面前却一本正经的样子就让人不爽。可没想到，他们领导就吃那一套，还挺器重那小子。

我点了点头，没有作声。我想起当初S先生在原部门时，混得如鱼得水，他跟上级打好照面后，几乎处于三不管状态，上班迟到不会被扣钱，出差还能顺便做些兼职，工作轻松，工资不少。

那时候我就替他担心，毕竟公司不会一直养一些"闲人"。他却一副信誓旦旦的样子，觉得自己关系硬，不会有任何问题。本以为春风得意，没想到这么快就马失前蹄，栽了一个大跟头。

现在，S先生心中如此不快，大概就是因为在对方身上看到了曾经的自己。

有时候，一个人厌恶另一个人，只是因为对方拥有自己曾经拥有而现在已然失去的东西。

"嗝"一声，S先生打了一个长长的饱嗝，一股呛鼻的酸味弥漫开来，他继续说："好歹我在原单位也是个小领导，不给我同级别的岗位也就算了，还整这么一出。真不想干了。"

他满脸不屑的表情渐渐变得委屈，甚至有点哀怨。他又猛地灌了一口酒，呆呆地看着我。

其实，我也同情S先生的遭遇，换了任何人，某一天早上醒来突然意识到自己失业了,多少会有点惶恐不安。可是,早知如此,何必当初呢?社会本就是现实的,没有任何人能保证自己永远在一个岗位上。

你可能在领导面前表现得有模有样,一个转身就卸下伪装,变着法地各种偷懒。你自以为跟他们吃过几顿饭、喝过几回酒,就在那个位置上高枕无忧了。可是,你却不去想这样的人情关系是经不住风浪的,一旦公司面临解体的风险,你充其量就是杀鸡儆猴中的那只鸡。至此,你不变成弃子,谁变成弃子呢?

而且,你在上家单位只学会了虚与委蛇、溜须拍马,没有提升自己的专业技能,那么,你到新单位获得同岗位的可能性很小。即便对方许诺你同等职位,也会对你进行几个月的考察,如果你不胜其任,仍然只能从底层干起。

所以,你看到公司的空降兵,开始吃不到葡萄说葡萄酸了。你说男人三十而立,而你都三十岁了,吃过的盐比那个毛头小子吃的饭都多,凭什么他就能爬到你头上;你说你就是命不好,你要是富二代,哪用得着出来遭罪受累……

当我听到你那句"我吃过的盐比那个毛头小子吃过的饭都

多"的时候，我竟无言以对，只能莞尔一笑。这句爷爷奶奶用来教训晚辈、小孩子都能倒背如流的台词，从一个大老爷们嘴里说出来，真是让人忍俊不禁。

如果坐在你对面的不是我，而是那个小伙子，他大概会说："不要再说什么了，让我们用实力 PK，好吗？"

也许像 S 先生这样的人并不多，但也不少见。他们是短视的，常常会因为眼前利益而忽视了长远利益。他们也是迷茫的，不知道自己真正喜爱的工作是什么。也许终其一生，他们也不会明白"我在为谁而工作"。

其实，你不为任何人而工作，而是为了自己的生存，为了给自己足够的安全感，为了有底气、有尊严地活着，为了无论世事如何变迁都不被时代抛弃。

就像我的一个阿姨，年轻时她在陶瓷厂上班，拿着微薄的薪水。后来陶瓷厂倒闭，她就在市区租了一间店面，开始卖童装。这些年来她虽然没有大富大贵，但也在市区用全款买了房子。

前几年，她萌生了一个稀奇古怪的想法。于是，一个四十几岁的女人去应聘房地产销售的工作，结果还真的被聘用了。可是隔行如隔山，房地产行业对她来说完全是一片新天地。她进入那个单位，部门同事都亲切地管她叫"大姐"。

可就是这样的大姐，骨子里却有一股子的韧劲，不服输，不服老，保持着学习的热情，开始了解房地产知识，开始跑客户，积累资源，拓展渠道……而她十几年来卖童装培养出来的好口才，也给了她巨大的助力。仅仅过了一两年，她就凭着出色的业绩升级为经理，拥有了自己的办公室和团队。

从那以后，阿姨更忙了，但她学习、工作的热情却丝毫不退，总是乐此不疲。每次来我家，她的手机经常响个不停，几乎都是客户来咨询买房的电话。而她不论在做什么，都会放下手中的事，热情洋溢地跟对方沟通。

有一回，阿姨跟我吐槽，说她手底下有几个员工工作懒散，而且几个月都不出单。所以，没过多久，她就把他们全都开除了。

对她而言，销售这份工作是没有所谓休息日的。即使是在家或者外出旅行，一旦有好的房源，她还是会第一时间发到朋友圈。当然，她兢兢业业地工作，换来的不仅是收入的大幅度增长，还有许多的人脉。她慢慢成了一块香饽饽，有不少公司想要挖墙脚，请她过去。

去年，她突然跟我说她离职了。当然，她既不是被炒鱿鱼了，也不是跳槽到别的公司，而是将自己酝酿已久的计划付诸实践。在掌握了客户资源和渠道后，她毅然决然地离开了原单位，自己注册了一家公司。

也许在很久以前，她已经有了这个想法。而正是那些年卖过的服装、打过的电话、走过的路，才成就了今天的她。

因此，无论现在你从事什么样的工作，无论它是好是坏，无论你是否真的喜欢，你都要明白：你是为了自己工作，为了给未来的自己铺路，为了将来有能力做自己喜欢的事，为了实现自己的人生价值。

至于道路曲折些又有什么关系？过程是哭还是笑又有什么要紧？只要前路是光明的、结果是好的，不就够了吗？

反观许多年轻人，包括曾经的我，常常整天都在抱怨中度过，抱怨自己的工作不如意，抱怨自己怀才不遇，抱怨公司没有给自己表现的机会。

然而你有没有想过,当领导还在加班时,你却一个人默默地走了,理由是不想无偿加班让公司占便宜;你看到同事仿佛打了鸡血一样地在工作,心里却在冷嘲热讽:"就挣那点钱,至于那么拼吗?"你自己总是一副懒散睡不醒的样子。

之所以有不少人产生这种想法,追根溯源,是因为他们狭隘地定义了"工作"。在他们的眼中,每一次上班时间的偷懒都间接提高了小时工资,下班后的工作都是无偿劳动,没有换来等价的经济回报。这种片面地把工作和生活完全割裂开来的想法,也从侧面说明你并不热爱自己的工作。

如果你认为工作只是为了老板,为了那份薪水,你真的不必勉强自己。即使今天你离职了,明天太阳依旧升起,公司照常运转。而你呢,除了收获日益增长的年龄和体重,以及爬上面颊和眉眼的皱纹,别无其他。

渐渐地,年轻也不再是你的优势了,而你在某一领域缺乏深耕细作,依旧没有丰富的经验和较强的专业性。最可怕的,不是你做着一份收入低又不太喜欢的工作,而是你不知道为什么而工作、为了谁而工作。

你日复一日穿行在喧嚣嘈杂的城市里,看着人来人往,觉得偌大的城市竟然没有你的容身之地,你只是这钢筋水泥铸成的巨大堡垒里的一颗小小弹丸。你每天盼望的是快点下班,每月期待的是快点发工资。枯燥乏味的工作让你对生活失去了热情,也渐渐感到迷失了自己。

直到后来,你找到了自己喜欢做的事情,才渐渐明白了工作的意义。它不仅能保证一个人最基础的物质需求,更关系到一个人自身的成长。

你在一份工作中收获的,应该是懂得为人处世的道理,不断进化自己的思想,不断自我增值,成为一个抢手的香饽饽;应该是不断删繁就简、去伪存真,找到自己真正热爱的事情,而绝不是一份简单的薪水。因为,那份薪水买不了你的青春,它的增长远远赶不上你衰老的速度。

找一份自己真正喜爱并能为之奉献一生的工作吧,那么,每天唤醒你的不是闹钟,而是梦想。

刘同在《谁的青春不迷茫》一书中写道:"任何事情,不要将希望寄托在别人身上,无论是情感还是工作,否则唯一的结果便是措手不及,安全感只能自己给自己。"

所以,无论何时,你都要保持独立行走在世间的能力。

那天,S先生一直跟"我"聊到深夜,暂且说是跟"我",是因为到后来他的眼睛已经没有焦点,全然不像是在跟我谈话。或许他已经太久没有向人倾吐内心的苦水了。

如果你觉得你在为老板工作,那么你很难有个似锦的前程。

## 自信的人，不需要在朋友圈证明自己

不知从何时起，带有美颜功能的手机似乎成了每个姑娘的必备，C姑娘也不例外。

说起C姑娘，她是我学生时代的一个好朋友，也是美颜手机的忠实粉丝。她在朋友圈和空间里发的每一张照片，无一不是经过精雕细琢的。

两年前，C姑娘来杭州游玩，我正好有空，于是跟她吃了一顿便餐。老实说，自从毕业后，我和C姑娘就很少有交集。我脑海中她的样子几乎都基于她近几年发的照片，而这种印象渐渐改变了以往我对她的记忆。所以，毫不夸张地说，当时我第一眼看见C姑娘时，真觉得她与照片上的女孩判若两人。

照片中的C姑娘柳眉杏眼、肤如凝脂、面若桃花,连笑容都带着阳光的气息。而坐在我面前的姑娘却显得很普通,浅色上衣衬得她的脸色黯淡,气垫霜也遮不住满脸的痘痘。她的五官与照片上的"盛世美颜"相去甚远。

不过,我的目光并未在C姑娘脸上驻留,生怕她窥见我内心的疑惑。然而,不知道C姑娘是否察觉到我不同寻常的目光,她突然跟我抱怨说,最近她工作压力超大,导致额头和脸上总是冒些小痘痘,害得她都不敢见人了。

其实,在读书时C姑娘就是一个急性子,她喜欢喝冷饮,吃重口味的东西,又喜欢熬夜追剧。所以,她很少有不长痘痘的时候。可即便如此,我也不能直言不讳地说这些自讨没趣的话。

见她一脸的不开心,我宽慰道:"等你作息规律了,痘痘自然就没有了。"不过,我的安慰不但无用,甚至起了反效果,C姑娘耷拉着脑袋,像一个卸了气的皮球,没有一点神采。

幸好等上菜时,C姑娘似乎又来了精神。毕竟她是一个不折不扣的吃货外加拍照狂魔,总是喜欢在食物上全后给它们来一张"全家福",然后再拍一张自己的照片做拼图。

我发现 C 姑娘把镜头对着自己时，眼神又燃起了希望，就像一个在沙漠中长途跋涉、濒临死亡的旅人突然看到绿洲时眼睛里射出的光。大概因为跟我是老同学，C 姑娘一点都不避讳，拍了很久才心满意足地放下手机。

而我刷了一下朋友圈，并未发现 C 姑娘有新的动态，于是便问她拍照是不是要发朋友圈。她点了点头，眼里满是期待，她说照片等喝咖啡时再弄不迟，到时候要挑选好的角度、光线，还要进行人像美颜。

后来，趁着等咖啡的间隙，C 姑娘麻利地开始修图。虽然自拍功能本身就带美颜效果，但显而易见，这远远不能满足像 C 姑娘这样的高端玩家。一键美颜、磨皮美白、瘦脸、祛痘……她对美颜手机的各个功能似乎早已烂熟于心，俨然技艺高超。

双击，划动，缩小，放大，滤镜切换，C 姑娘麻利地在不同界面自由切换，好像在弹奏五线谱上的音符。

不过，我似乎给正在兴头上的 C 姑娘泼了一盆凉水，以一个直男的口吻很不识趣地说了一句："其实，没有必要这么修图啊，用美颜手机自拍的照片就挺好的。"

但是C姑娘告诉我，她觉得自己肤色不够白、眼睛不够大、脸上肉又太多。总之，一定要修到她觉得完美才可以被人看到，她就是喜欢那种受人追捧的感觉。

她说，自从有了美颜手机，她在朋友圈里的人缘好了很多，总有许多人加她好友。不仅如此，每当她发一些自拍，下面总有人评论"姑娘，你越来越美了"。这时候，她的心情就像踩在棉花糖做成的云朵上，美滋滋的。

后来，C姑娘又跟我说了许多事，包括她换了好几份工作，还到离家几百公里之外的地方上班，相了好多回亲，遇到的男生都是跟她吃过一顿饭就没有下文了，有个别的甚至吐槽她与照片上的形象差距太大……

C姑娘的自尊心严重受挫，此后她就在现实中很少交新的朋友了。因为，她害怕别人调侃她的照片与本人就是买家秀和卖家秀的区别，害怕破坏自己在别人心中的形象，害怕那些嘲讽和鄙夷的眼神。

在她的眼里，在这个看脸的时代，像她这样的姑娘丝毫没有竞争力，充其量是市场上被挑挑拣拣剩下来的死鱼烂虾——而她遭逢了这么多的世故，就是因为她没有一张好看的脸。

的确，不能否认，漂亮本身就是一张光鲜的通行证。但是，与生俱来就拥有超凡脱俗的美貌的概率，跟在一大片三叶草中找到一片四叶草是一样的，大部分人都活在金字塔的中段。所以说，长得不够漂亮并不是你自卑的理由，更不是你懒散、放纵自己的借口。

而且，我想说：姑娘，即便你觉得自己不好看，你只想活在美颜手机的世界里聊以自慰，毕竟比起那些整天挥汗如雨、严格控制饮食以及养成规律的作息时间的人来说，这种只需要花十几分钟动动手指就能变美的事情，实在是太轻松了。

可是，美颜手机真的不能让你成为一个更好的姑娘，也不会让别人眼中的你变好，那些只不过是你的自欺欺人罢了。它就像酒精，只能欺骗你的眼睛，麻痹你的神经，让你的人生只剩下唏嘘、喟叹和自嘲。

你说，要是你与照片里长得一样，还怕找不到男朋友吗？还愁钓不到金龟婿吗？还需要受着窝囊气去工作吗？

你说，你的脸只能活在朋友圈里，你只能靠着美颜手机塑造一个美好靓丽的形象，一见光就立马打回原形。

你说，你害怕与那些容貌、身材都远胜于你的姑娘在一起，也拒绝与一些素未谋面的新朋友出去玩。

你说，为什么生活总是对那些长得好看的人温柔？

可是姑娘啊，你这种以为自己不够漂亮而不被世界善待的想法，其实源于自卑带来的偏见。

因为自卑，你放大了自己的缺点，放大了自己五官上的瑕疵，也放大了自己人格和能力上的不足。所以，你的身上总充斥着满满的负能量，自然会与那些美好的人和事无缘。

你为什么不试着接受自己的不完美，同时也不放弃让自己变得更好的权利呢？事实上，没有一个人是完美无瑕的，就像哲人曾说过，每个人都是被上帝咬过一口的苹果，有的人缺陷比较大，是因为上帝特别喜欢他的芬芳。

你为什么不试着让自己变成一个更好的姑娘呢？一味纵容自己，那不是自爱，而是慢性自杀。要知道，你的脂肪真的不能在冬天帮你御寒，但你的马甲线却可以让你收获许多钦羡的目光以及许多"桃花"。

暂且不论那些"桃花"是好是坏，至少你有选择的余地了，不是吗？你再也不是那个无人问津、只会自怨自艾的姑娘了。

然而，总有些姑娘不囿于颜值，让曾经"低配"的自己渐渐过上"高配"的人生。譬如 F 女士，尽管我与她只有一面之缘，却不禁被她的容貌折服。这容貌不是倾世的容颜，而是一种神采，一种由内而外散发出的气场。

那一次，原本我去宁波游玩，顺便见见老朋友，一位瑜伽爱好者。不过，那天正好赶上她上瑜伽课，而 F 女士则是她的瑜伽老师。

其实，早在我到宁波之前，朋友就曾跟我谈到过 F 女士。她给我看 F 女士的朋友圈：旅游、美食、瑜伽……同许多人一样，F女士也是一个爱玩爱笑的人。不过，与许多人不同的是，F女士在朋友圈中的照片几乎都没有美颜，只是化着淡妆。

现实中，F女士拥有小麦色的皮肤、圆润的脸形、紧致的身材……老实说，单看F女士的五官，丝毫没有出彩的地方，即便凑在一起也是一张再普通不过的大众脸。可是，比起有些人网上与现实中天差地别的长相，F是我见过的为数不多的本人比照片长得好看的女士之一。她做瑜伽时的那种魅力，更是让人移不开目光。

在路上，我跟朋友聊起F女士，原以为顶多二十七八岁的F女士居然已有三十五六岁。而身高只有一米六的她，曾经也有六七十公斤的时候，因为她是易胖体质。可是，她却没有因此而自卑，她的梦想是成为瑜伽老师，拥有自己的瑜伽馆。这对当时的她显然不是一件容易的事，所以，她花了整整五六年的时间才初步完成自己曾经设想的框架。

最初，她一边上班，一边报名学习营养课，从中学会如何控制自己的饮食，少摄入一些碳水化合物，多摄入一些蛋白质。晚上或者周末，她会去夜跑或者学习瑜伽。后来，她又考取了瑜伽教师资格证，辞职后开设了自己的瑜伽馆。

从原本臃肿的身材到如今的窈窕身段，以及三十多岁却比十年前还要年轻的状态，其间的辛酸苦楚恐怕只有她自己知晓，是她的汗水让梦想闪闪发光。

有人说，生活中最厉害的人，就是那些说早起就早起、说健身就健身、说放下筷子就绝不再多吃一口的人。即使他们先天没有多少优势，但是随着时间的流逝，往往也可以完成逆袭。当别的姑娘身材开始走形、皮肤渐渐松弛的时候，她们开始发力，活得越来越美。

其实，人生是一个过程，就像爬山，前半程走得快，并不能保证你登上峰顶——真正的较量往往在人生的后半段，而这就要靠一个人的自律、毅力。

那些活在美颜手机里，常常因现实的长相而挫败的姑娘，与那些肆意享受人生的姑娘，区别就在于此。

当你对着镜子，一边抱怨自己日渐臃肿的身材，一边啃着鸡腿、吃着高热量的甜品时，别人只泡了杯燕麦，吃了些蔬菜和水果。

当你三更半夜还刷着微博、追着肥皂剧、乐此不疲地修着图，导致内分泌失调脸上爆满痘痘时，别人已经早早运动完，出了身汗，又洗了个澡，去睡美容觉了。

当周末的太阳已经从清晨走向正午，你还昏昏沉沉地躲在被窝里，美其名曰"补觉"时，别人已经惬意地享受着慵懒的阳光，一边泡着咖啡，一边捧着书汲取精神食粮了。

其实，人与人的差距就是这样一点一点变大的。

姑娘啊，你不要一面抱怨自己长得不漂亮，一面又不愿寻找自身的闪光点。不是所有人生下来都有一副好皮囊或是含着一把金钥匙，大部分人都只能靠自己去打赢那副人生牌。

那些不限于外表的人，永远懂得外貌只是人的一部分，尤其是三十岁以后的人生，它所占的比例越来越少。

事实上，上天似乎有些"偏心"。那些成功的姑娘不仅成功，而且还美，因为这两者本身就是相辅相成的。

她们把时间都花在自我提升上，努力工作，读书旅行，运动健身，她们根本没有时间去美颜、修图。其中，更深层次的原因是，她们根本不需要在朋友圈里证明自己，不需要活在虚拟的世界里，因为她们本身就是现实生活里的人生赢家。

所以，从今天起，告别那个美颜手机的世界吧。我相信，好姑娘总会光芒万丈。

# 理解和关心，是抑郁症患者生命中的光亮

去年的某一天中午，我外出办完事回到单位，看到 H 正跟一个同事在那里聊天。

H 坐在我对面，笑点很低，总是被我的一些不好笑的笑话逗乐，有时候，真的不知道她是不是故意给我面子配合我的演出。那天，我见她们两个聊得不亦乐乎，便走过去凑热闹。听了半天，我才知道原来是 H 的一个朋友慧子最近跟她哭诉，说婆婆常常跟自己过不去，她的朋友感觉自己要得抑郁症了。

"不至于这么严重吧，婆媳矛盾我倒是见得不少，抑郁症我还真没怎么听说啊。"我好奇地问道。

"那是你身边正好没有,或者人家没跟你说而已。"

我打趣道:"至少像你这样笑点低到零下好几度的人,这辈子算是跟抑郁'绝缘'了。"

"不瞒你们说,以前我还真有一段时间抑郁了。"

当H说这话时,我想她又在开玩笑了,毕竟她是一个性格开朗整天嘻嘻哈哈的人,我完全不能把她与"抑郁"联系在一起。

可是,看着H一脸认真的表情,我又觉得她并没有在开玩笑。以前她不会真的抑郁过吧,我瞪大了眼睛。老实说,直到H给我们讲出她那段抑郁的经历,我还是疑惑的。

H并不是很喜欢原单位的工作,再加上后来她怀孕了,所以干脆离职了。刚生完孩子的几周,她时常感到情绪莫名地低落,无缘无故就会哭泣,动不动就发脾气,好像看什么都不顺眼。

原本老公请了年假陪她,但年假结束他就去上班了。她的父母由于距离太远,而她的公公婆婆身体又不太好,也不方便过来照顾。所以，白天老公出门，她只能一个人在家里带孩子，有时候看着天花板和窗户发呆。

众所周知，照顾婴儿不轻松，尤其对身体尚未恢复的 H 来说更是如此。她的神经时时刻刻都紧绷着，一会儿孩子哭闹要换尿布了，一会儿又是肚子饿了。有时候她好不容易睡了一会儿，又在孩子的哭喊声中惊醒。

H 一想到自己又失业了，就更加难受。以前不开心的时候，至少还有同事和朋友可以倾诉，可是生完孩子的那段时间，她丝毫没有跟人倾诉的心情，所有的精力好像被掏空了一样。有人说"一孕傻三年"，她觉得这句话用在自己身上是再合适不过的了。有时候老公问她怎么了，她也是半天才回过神来。

尽管孩子出生是一件令人高兴的事，而且公公婆婆都对她不错，丈夫也对她呵护有加，但是她对生活毫无热情，非常容易"炸毛"。

有一次，公公婆婆来看孩子，婆婆只是亲了一下孩子的脸蛋，她就大发雷霆，大声呵斥了他们，说他们太不讲卫生，这要是有什么病传染给孩子怎么办。

这吓得公公婆婆在一旁傻愣着，半天都说不出话来。最后，老公尴尬地帮忙圆场，赶紧让他们放下孩子，并对 H 说："老人家也是喜欢孩子，你看孩子笑得多开心啊。"H 这才感觉舒服了些。而公公婆婆对望了一眼，说是突然想起家里还有点事就先回去了，并嘱咐儿子好好照顾她。

到了晚上，H 跟老公说起这件事，说着说着就哭了，她说白天自己不是故意那么凶的，只是不能控制情绪，本来是想好好跟他们说的，可就是气不打一处来，还说了一些过分的话。老公安慰她，说可能是带孩子太累了，让她多休息。

半夜，她听到了孩子的哭闹声，正想起来，却发现老公已经在给孩子换尿布、冲奶粉。她一时没忍住，又躲在被窝里哭泣。第二天，看着老公睡眼惺忪地跑去上班，她心里又疼又暖。

H 说，如果当初不是丈夫对她无微不至地照顾，她的轻度抑郁症或许没那么快会好，甚至有可能更加严重。所以，她对丈夫和公公婆婆都是十分感激的。

当时，我一脸茫然：生孩子也会得抑郁症吗？于是，H 给我们普及常识：很多人在产后的一段时间内会得抑郁症，只不过大部分都是轻微的，可以自愈。而她真正感觉自己恢复了健康，也是在上班以后开始与外界正常交流的时候。

不过，H的朋友慧子就不那么幸运了。H说，前段时间，慧子刚生完孩子，与H之前的情况差不多，也有些产后抑郁症的表现，不太喜欢与人交流，经常一个人发愣。但是，慧子的丈夫看到妻子的这些反常情况，不但没有包容和理解，反而跟他妈妈说，慧子生完孩子就神神道道的，情绪极其不稳定。

有一回，慧子躺在床上，听到了丈夫与婆婆的对话。

婆婆说："孩子怎么能一直喝奶粉呢，难怪身体这么差，一直跑医院。还有啊，这奶粉这么贵，现在你要养她们一大一小，真是太辛苦了。"婆婆的嗓门素来很大，好像生怕别人听不到的样子。

"妈，你别说了，现在她好像有点抑郁症了，万一她听到了，又要激动了。"丈夫赶紧制止。

婆婆没好气地说："她哪来的抑郁症，这就是没工作，整天瞎想导致的，哪像我们年轻的时候，早下地干活了。现在的一些人啊，身体金贵着呢，都没啥事了还天天躺在床上。"

那天，她忍着没有发火，一个人偷偷地在床上哭。她知道婆婆是心疼儿子，她也明白现在这个家暂时要靠丈夫撑着。可是，心疼儿子就该对她冷嘲热讽吗？产假期间在家休养难道也不可以吗？她整天闷在房间里，心情不好，脾气急一点就不能体谅她吗？

其实，她也常常问自己：我真的变成神经病了吗？为什么现在自己的脾气这么差，做什么都提不起劲？她知道丈夫和婆婆在背后说她的坏话，心里更难受，只能找 H 哭诉。过了些天，H 告诉我们，慧子被父母接回了娘家，情绪稍微平稳了些。

听 H 给我们讲这些事，我才知道，其实抑郁症并不是简单的心情不好，而是一种心理和生理上的疾病。

自从 H 给我讲过这些事之后，我发现"抑郁"这个词再也不是那么陌生了。我身边似乎许多人都有抑郁倾向，或者已经有了轻微的抑郁症。

就像我的朋友小妮，年初回了四川，说是再也不想待在那个令她伤心的地方了。起因是去年年末，她的男朋友突然跟她说分手。当时小妮一脸的莫名其妙，根本就不知道发生了什么。而对方只是轻描淡写地说了一句："你太优秀了，我配不上你。"

在小妮的再三询问下，对方才松口，说因为喜欢上了别的姑娘，对她没有感觉了。这对小妮来说，简直就是晴天霹雳。

当初小妮来到这个陌生的城市，感到孤单无助，像所有童话故事里的主人公一样，男友出现在了她的世界里。只是，对方不是白马王子，他既没什么钱，长得也不帅，所以最初小妮对他是没有感觉的。只是很多时候，孤独可以打败一个人。渐渐地，她被感动了，无论在身体还是精神上，她都毫无保留地献给了对方。她以为他们会在一起很久很久，久到可能掉光了牙，头发花白，只能坐在屋前的那张老藤椅上细数那些年的老时光。

可是，没等到婚姻的柴米油盐打败爱情的风花雪月，她就像一片秋天的梧桐叶被无情地抛弃了。整整好几天，她都把自己关在房间里，情绪一下子跌落到了谷底。那几天，她一直失眠，只要一闭上眼睛就会想到对方，但是一想到对方已经离开了，就会有一种怅然若失的感觉。

有一次，也是唯一的一次，小妮不断地问我，她是不是很差劲，所以对方才不要她了。她说，她真的不能失去他，她真的快活不下去了，那感觉就像自己的灵魂被抽离了身体，就像自己的心被割开一道口子，鲜血淋漓。她说，自己心里压抑得快要爆炸了。其实，当初她找我聊天时，我还是很庆幸的，至少她还愿意向别人倾诉自己的痛楚。

小妮说，后来她去看了心理医生，吃了一些抗抑郁药才渐渐好转。直到最近，她找了一份新工作，抑郁症才痊愈。

我突然感觉有些愧疚，因为当初她向我倾诉时，我觉得失恋并不是一件大事，所以总是让她开心点，别抓着过去不放。可是，那时我并没有意识到，让那些遭受生活重创的人强颜欢笑是一件多么残忍的事情。因为，当时他们失去了微笑的力量，感受不到阳光和快乐。

"抑郁"，这个看似非常遥远的字眼，其实很可能就在我们的身边。而抑郁症其实是一种病，并不是简简单单的心情不好或情绪不佳。

也许是长时间忍受高强度的工作压力，也许是突然受到精神上的刺激，或者身体激素紊乱等，有抑郁症的人都是受害者。所以，不要对那些患有抑郁症的人说："这么点事你就抑郁了，承受能力真差，我遇到的事情比你严重得多，不还好好的吗？"也许这样的安慰只会起到反效果。也不要说一些无关痛痒的话："想开点，开心点不就好了。"因为，你并不知道他们身上发生了什么，经历了怎样的黑暗。很多时候，不是他们不想开心，而是根本开心不起来。他们失去了快乐的能力，就像一个泄了气的皮球，任你怎么拍打都弹不起来。

如果没有感同身受，就不要对一个抑郁症患者敷衍了事。他们所承受的远比你知道的多得多。

如果有一天，某人一本正经地对你说："我抑郁了。"那也许他不是在开玩笑，而是需要你的理解和关心，那是在那些寒冷阴暗的日子里，他想要触摸到的一点点温暖和光亮。

## 你的房间，散发着你的内在气质

从一个人的房间能看出这个人的生活状态。别小看了房间，它不仅能反映出你的个人习惯，还可以窥见你的生活品质。比如说我的房间。

去年上半年，因为家里要重新装修，我不得不下决心彻底收拾一下房子。原本我觉得工作量不会太大，毕竟我有定期清理的习惯，可是，我竟然花了整整三天时间才将房间完全清理了一遍，这大大超出了我的预期。

其中，最花时间和体力的应该是去年初购置的一台多功能健身器，由于没有地方放置，我就将它组装在自己的房间里，这就让原本就不大的房间一下子被占去了四分之一，显得更加局促和拥挤。而拆卸的过程很是烦琐，从早晨开始，我花了差不多一天的时间才完成拆卸和搬运，到晚上已是精疲力竭。

至于置物架和衣柜，上面已经积了一层灰，同时还安放着大大小小形态各异的盒子，比如鞋盒、手机盒、快递纸箱等。而衣柜里塞满了各种衣服，有些甚至是全新的，很多是一时冲动网购的，因为试穿后不合身，或是实物与照片差距太大，所以买来后就被我闲置。那些陈旧的鞋子，不是后跟磨破了就是脱胶、开裂，也被闲置在底层，终年不见天日。

而置物架上则堆满了摆件和花瓶，由于没有时间照料，吊兰已经枯死了，在夕阳下显得格外衰颓。最上层的一个盒子里，杂乱地摆放着坏了的鼠标、鼠标垫，破损的数据线和耳机，甚至还有几袋过期的速溶咖啡。

原来，在不知不觉中，我的房间里竟然囤积了这么多东西，俨然成了一个小型的储物仓。有些东西固然是不可或缺的，但有些则是可有可无甚至是完全无用的。

我将所有的东西清空之后，眼前豁然开朗，心情也是前所未有地舒畅。原来，我的房间是如此宽敞，不仅光线充足，而且空气清新。只是看着空荡荡的房间,我不由得疑惑,为何当初舒适的房间会一步一步积满东西,最后沦落成"货仓"?

追根溯源,是因为我一直在给房间做加法。购物时,常常凭一时冲动添置许多 "食之无味,弃之可惜"的东西,又由于舍不得丢弃,日子一久便越堆越多,让人感觉很是压抑。

譬如那台多功能健身器,因为有段时间我对健身狂热,便花了3000元将其购回,但将它放置在房间的大半年时间里,我用的次数屈指可数不说,它还遮挡了一半的阳光。最后迫于无奈,我只能将其送人。那盆吊兰亦是如此,我买它的初衷是为了给房间增加点生机,可最后它也成了我的累赘,清除它时花费了不少时间成本。

所以,为了避免下次再出现诸如此类的问题,在保证正常生活的情况下,我将自己房间的家居和摆设简化到最少,只保留了床、写字台、衣柜、置物架,以及一些必不可少的生活用品和装饰。衣柜里只摆放当季的衣服,同时在置物架上摆放一些仙人掌等易打理的植物。

如此一来,窗明几净。干净清爽的房间直接影响了我的生活习惯，也间接影响了我的心情。以往，出门前我总是懒得叠被子，被褥、床单、衣服随意铺陈；但如今，为了能与整个房间的风格协调，我养成了叠被子的习惯。以前，我心情不好时，一走进乱糟糟的房间，被椅子或随地摆放的东西绊了，总是有些怒不可遏，若是"啪"地一下又不小心踢到床，心情就会更加糟糕；而如今，干净的房间总有一股神奇的治愈力，能让我的身心彻底放松下来。

我在这个房间住了一段时间后，再也无法直视那部被各种软件占满屏幕的手机了。于是，我又开始卸载一些无用的APP，将微信好友清理了一遍，关掉一些常年不看的公众号。与之前相比，手机不再那么卡了，我的心情也格外畅快。

在清理手机时，令我咋舌的是，我无意间竟加了那么多的好友，有些是毫无交集甚至素未谋面的陌生人，他们就这样静静地躺在我的好友圈里。如今，我也该跟他们挥手告别了，因为我要迎接全新的自己了。

这也让我突然意识到，大概乱糟糟的不只是我的房间，更是我的生活。当然，需要"断舍离"的还有我的朋友和圈子：今天朋友A过生日找我出去唱歌，朋友B失恋了要我陪他喝酒，朋友C又有事找我帮忙……

我曾经把呼朋引伴看作人缘好，但酒肉朋友未必是真朋友。而我却花了大量的时间和精力在这些无用的社交上，生活像一团乱麻。

前段时间发生的事，更让我感触颇深。

那天，我正坐在办公室里喝茶，张姐慌忙地跑了过来，开口就让我给她出主意。还没等我开口询问，张姐就把手机聊天记录给我看，然后她开始向我讲述起事情的始末。

原来，这个故事的女主人公是张姐的舍友，也是我的同事M小姐，最近她正在跟一个男生交往。对方初识M便发起了凌厉的攻势，约她吃饭、逛街、看电影，很是热情。而M对他也不反感，一来二去便动了心。

只是好景不长，M一步步陷入恋情，对方却开始疏远起来，这种忽冷忽热的态度让M感到了落差。她问那个男生为什么对她这么冷淡，为什么好几天都不理她。

男生的回复非常平常，说是工作忙，没有时间。在 M 的再三追问下，对方才说，他没有办法与 M 有进一步的发展，因为他忘不了前女友。

当时张姐就跟 M 说，男生可能只是玩玩而已，所以她不如当面问他，如果没戏了那就直接分手，不必浪费时间。

可是，M 竟然还帮对方说话，说他们刚认识时，对方跟前女友刚分手没多久，当时他也说会想前女友，只是没有现在这么严重。

我想，世上最可悲的事便是如此，人家因寂寞而寻情，你却傻傻付真心。

又过了许多天，对方还是没有答复，这让 M 茶不思饭不想，甚至怀疑是不是自己没有魅力才让对方如此讨厌。她常常对着那条信息发呆，最后只能找张姐帮忙，而张姐也拿不定主意，便找我絮叨絮叨。

我听了之后，一脸的茫然。毕竟在明眼人看来，这事就是小葱拌豆腐——一清二白。更何况，一个二十多岁的姑娘如果连这点眼力都没有，真的让人怀疑她的情商。不过，我依旧没有直言不讳地表达我的看法，只是跟张姐分析了一下所有的可能性，就忙自己的事了。

本以为事情就此会告一段落，不承想几天前，张姐突然打来电话，说 M 喝多了，让我过去帮忙。

老实说，那是我第一次进女生的宿舍，但完全颠覆了我对女生宿舍的想象。一踏进房间，我就闻到了一股难闻的酒味，不知道是 M 身上散发的，还是地上散落的啤酒罐发出的。总之，屋子里的味道让我感觉很不舒服。

M 的房间只能用"一片狼藉"来形容。地上散落着衣服、吃完的薯片袋、花生碎壳、零食包装，化妆台上杂乱无章地摆放着各种化妆品……要是在以前，或许这种场景不会对我造成如此大的视觉冲击，不过，现在我真的连一分钟都待不下去。

张姐尴尬地说："最近她的房间都这样。我们出去说吧。"

"不必了，张姐，我还有点事先走了。"我轻轻地关上了房门。但受好奇心的驱使，我还是忍不住问了一句："看今天这情况，不会是他们已经分手了吧？"

张姐叹了口气道："应该还没吧，只是她突然想要喝酒，说已经下决心了，如果对方再继续这种模棱两可的态度，也没有什么相处的必要了，所以打算分手。"

我点了点头，便不再作声。临走前，我又听到"咣当"一声，大概是张姐去拿水盆以备M呕吐吧。

不知道此时那个男生在哪里，他是否知道M为了他烂醉如泥。

对M来说，这种不清不楚的关系不如早断，分手未必不是一件好事。而通过M的事情，我更加确信房间的状态与一个人的生活状态存在着某种必然的联系。

那些念叨着要收拾房间却总是改天收拾的人，通常不是深度拖延症患者，就是太懒，或者整天都在瞎忙：忙着陪朋友，忙着逛商城，忙着剁手买买买，忙着24小时对着手机发呆。就为了给对方秒回信息，忙到没了自己，为了他人而活……

然而，你怎么对待房间，房间也会怎么对待你。早起出门，你为了寻找一双袜子而翻箱倒柜，最后拿了两只不同的袜子凑合。晚上回家，你本想好好放松休息，却被房间里压抑的气氛、污浊的空气影响了心情，睡眠质量大大降低。周末你要参加一个party，才发现新买的口红不见了，遍寻不着，等买来同色号的新口红后才发现它被压在衣服下面。

不少姑娘把"女人不买东西，与咸鱼有什么区别"当作金玉良言，可是房间里越来越多的东西并没有让她们变得越来越好。那些堆积如山的新衣服、新鞋子，不但没有填补你内心的空虚，反而消耗了你的时间、精力和金钱，甚至让你在一次次冲动消费后产生失落和负罪感。

大风起于青蘋之末，生活的糟糕，很多时候都是从房间开始的。所以，与其花时间在一些无用的社交上，不如抽个时间静下心来，好好清理一下房间。这既是一个去伪存真的过程，同时也可以锻炼你的决断力。而保持一个房间的清爽和干净，则会让你学会自律，养成好的生活习惯。

当你学会"断舍离"，一点一点为生活做减法时，你不仅学会了如何清理房间，还学会了对一些人和事说再见。当你学会"断舍离",你也就拥有越来越多的时间做自己想做的事,爱自己想爱的人,过自己想要的生活。

希望每个人都能有间干净的房间,有个干净的圈子,有颗干净的心。

## 女孩,忠于内心才能过上自己想要的生活

这是林小姐与前男友分手的第四年,在这四年中,她不乏条件不错的追求者,可她坚持孑然独立。据说,单身通常有两种情况,一种是看不上任何人,一种是没有人能看上他。当然,凭林小姐的颜值和能力,要说有人看不上她,那真该严重怀疑自己的视力了。

"你那么优秀,长得又漂亮,怎么不嫁人啊?"

林小姐曾经跟我说,这句话她听得耳朵都快长茧了。可即便不高兴,每次她也只是尴尬地笑笑。所以,我真怕哪天她怒气值满槽了,一言不合就动手。

事实上，我也觉得这种逻辑是不正确的，就像长得高不一定去打篮球、腿长不一定要去做模特。

追根溯源，许多人会产生这种思维，是因为他们把婚姻看作一个人在一定的年龄必须完成的一件事。无论你是成功人士，还是普通大众，似乎都逃不过婚姻的宿命。而对女孩来说，她们的青春尤其短暂，好像才刚毕业就到了晚婚的年龄。

林小姐也不例外，刚毕业时，她的终身大事就常被家人挂在嘴边："××家的闺女跟你一样大，孩子都有了""都多大岁数了，整天就知道抱着手机玩""××家的男孩子不错，改天你们见见"……

为了应付父母，林小姐也去相过几回亲。她跟婚姻走得最近的一次，大概是同蒋先生，也就是四年前分手的男朋友，当时他们甚至已经到了谈婚论嫁的地步。

当然，我听她提起这件事，还是在不久前的一次聚会上。那天，我和几个朋友在她的店里喝奶茶，她正好从上海旅游回来，就跟我们坐在一起聊天。她对我们并不生分，毕竟我们也算是她店里的常客。

其间,有个姑娘抱怨说:"现在我都害怕回家了,父母三句话离不开结婚,然后还给了我两个选择:要么自己谈,要么他们替我找。还说他们在我这个年纪孩子都有了,可我现在才二十五岁啊,唉,想想就心累。"

林小姐听了,便问:"那你觉得我的生活怎么样?"

"当然好啊,简直羡慕嫉妒恨啊,想去哪儿玩就去哪儿玩,多潇洒啊。不过,我没那个能力,连一个一直心心念念的包,攒了半年的钱都还是买不起。"那个姑娘耷拉着脑袋,晃动着手里的奶茶,一副无精打采的样子。

"这很正常啊,我刚毕业那会,拿着2000元的月薪,早上赶地铁,晚上还要加班,每天累得跟狗一样,到家就只想睡觉。可我父母非但不体谅我,还说其实女孩不用那么累,嫁个好男人就行了。

"那段时间,我自己也觉得日子特无聊,而且难熬。后来我想反正迟早要嫁人,干脆顺了他们的意思,说不定瞎猫碰上死耗子，嫁了个有钱的男人呢。"

林小姐的话令我有些咋舌，我实在无法把她口中描述的曾经的自己，与眼前这个谈吐优雅、独立自信的姑娘联系在一起。

"那后来呢？"那个姑娘急切地问道，我们几个人也饶有兴致地听着。

"后来啊……当然是相亲失败了。不然，我也没那么多精力放在相亲上啊，更不用说跟他们在一起聊天了。"

"唉，可惜了，要是当时能钓个金龟婿就好了，不用那么辛苦奋斗了，可以安心做个全职太太。"

那个姑娘一脸的憧憬，好像在幻想着什么玛丽苏的剧情。林小姐见状，爽朗地笑了，可是这笑容并未在她脸上逗留很久，转瞬即逝。她转过头，继而看向窗外深沉的夜色，继续向我们诉说着。

有时候，那些压抑许久的心事，也许就在某个时刻向那些无关痛痒的人娓娓道来，不分场合，不论对象。林小姐说，最初她和蒋先生交往时,她觉得蒋先生是个不错的人,彬彬有礼,待人和气,对她也有几分关心。而且,蒋先生本身是做生意的,在物质上也可以给予她安全感。

可蒋先生有一点不好,他是一个不折不扣的"妈宝男",对妈妈言听计从,连相亲都是父母安排的。他父母觉得他老大不小了,该成家立业了,于是,他就在父母做主的情况下与林小姐见了面。

有一回,林小姐去蒋先生家里吃饭,本来气氛还不错,可他妈妈突然让她多吃点,说她太瘦,以后不好生孩子。蒋先生竟立马帮衬,明知道林小姐不喜欢吃肥肉,还特意挑了一大块五花肉给她。林小姐看着他们一唱一和的样子,勉强把肉吃了下去,可心里却不是滋味。

还没过门就如此,要是以后真成了一家人,有了什么矛盾,那她恐怕更是腹背受敌。而后来的一些事,也让她更加证实了自己的猜想。

每次他们谈论买房买车的问题,都会有些不愉快。渐渐地,林小姐觉得与蒋先生在一起不像是谈恋爱,更像是谈生意——蒋先生吃不得一点亏，他父母也跟他统一战线。

林小姐的要求其实并不过分，车子由她家买，房子由男方买，但是房产证上要署上他们俩的名字。

结果蒋先生不乐意了，为此还跟林小姐吵了一架，说她太精明，真拿他当傻子了啊，车子她可以一直开，而且根本值不了几个钱，还说她真以为母鸡飞上枝头就能变凤凰啊。

蒋先生的话犹如一把带着赤裸裸的嘲讽和戏谑的刀子，在林小姐心上割开一道口子。她自问不是那种爱慕虚荣的女人，交往半年也没有花他多少钱，只是作为一个女人，离开了自己原有的家庭和父母，嫁作人妇，男方在物质上多承担一些也无可厚非。更何况，蒋先生的家境比她家好很多。

那一瞬间，她突然清醒了过来，其实，蒋先生并没有多么喜欢她。自始至终，他们所谓的"恋爱"，倒更像是一场明码标价的谈判，自己不过是摆在货柜里待售的商品，其价值可能就是替他们家传宗接代，还比不上半套房子。

但仔细想想，自己又何尝不是如此？因为生活的不如意，迫于家庭的压力，就想找一个条件好的人凑合着生活。

如果最后她选择嫁给蒋先生，那一定是因为现实，可她不想嫁给一段没有爱情的婚姻！

最后，他们不欢而散，这倒也是一个不坏的结局。在那之后，林小姐在父母面前坚定立场，以后绝不会再去相亲，她不想在自己最卑微的时候去盲目选择一段感情或是婚姻。后来，她确实也凭借自己的努力变成了一个优秀的女孩。

那么，你会选择嫁给现实吗？

也许现在不会，过几年就不一定了。因为人都是惧怕衰老的，当你的皮肤不再如少女般娇嫩，当你的眼眉出现第一条细纹，当你的青春在枯燥的生活中渐渐消磨不再富有年轻的朝气，而你理想的伴侣又迟迟没有出现，你是否会向现实妥协，找一个人将就呢？

更何况，你要对抗的不只是岁月，还有孤独。也许你不会喜欢，至少不会一直喜欢独自穿行在车水马龙的城市里，看着街边的霓虹变幻，最后走进一条漆黑的小巷，在每个深夜一个人守着空荡荡的房间,刷着微博和朋友圈入睡。

"看看你家姑娘什么都好,聪明、伶俐、漂亮、懂事,可是为什么这么大年纪了,还没结婚啊!"

是啊,你所有的优秀和光芒都被单身掩盖了。在别人的眼里,无论你后面有再多的"0",没有婚姻这个"1",你活得就很失败。你看,这回你要面对的可就不只是岁月和孤独了,还有那些流言蜚语。

所以,很多时候,女孩不得不面对现实。

现实就是,终此一生,我们只不过想找一个可以一起说话、一起吃饭、一起睡觉的人。而终此一生,也许我们仍遇不到一个可以一辈子一起说话、一起吃饭、一起睡觉的人。

现实就是加不完的班、补不完的觉,逢年过节还得被七大姑八大姨念叨。你莫名其妙就被扣上"大龄单身女青年"这顶帽子,开始半推半就地去相亲。可是,相亲的对象不是叽叽喳喳的"巨婴",就是唯母命是从的"妈宝男",他们从小在父母的庇护下成长,心智尚未成熟。有些"妈宝男"与母亲间的纽带如此紧密,让你感觉始终难以介入,担心即使以后结婚了,你在家庭里也是被边缘化的一个人。

"相亲",这个看似冠冕堂皇地替你介绍门当户对的配偶的理由,更像是一场深思熟虑的预谋——打着爱你的幌子,让你早点完成传宗接代的任务,所以便有了"中国式相亲""中国式逼婚""中国式生娃"等略感刺耳的词产生。

可是姑娘,领一张结婚证的成本也就几元钱、几分钟而已,但你在一段失败的婚姻里所承受的痛苦,只有你自己买单,那可能是十年,甚至一辈子。

所以,即便现在你一个人艰难地生活着,也不要轻易放弃自主的权利。因为,大部分人在一生中都会有那么一段艰难的时光,那可能是你付出了全部的努力却仍看不到光亮,只能不停地在黑暗的隧道中摸索前行的日子。

但是,你要相信只要一直坚持,那段时光就不会很长,至少比起以后要面对的漫长的婚姻生活,这种成本和风险要小得多。

也许就像林小姐说的那样:

"对于每一个女孩而言,十八岁以前,可以无忧无虑得像个公主;十八岁以后,就开始与时间赛跑了。有些人跑累了,便随便上了一辆马车,可是它不一定驶向幸福的城堡,也有可能驶向不幸的深渊。

"我在确定遇到真的王子之前,宁愿选择一个人奔跑。只要我跑得足够快,那么在三十岁以后,我就会变成一个有钱又美丽的老姑娘。

"如果我上了那架马车,可能就失去了自己奔跑的能力,如果很不幸马车上的不是王子,那到一定的年龄以后,我真的会变成一个没钱、没人要的老妇人了。"

林小姐很庆幸当时自己遵从了内心,没有选择跟一个并不是那么喜欢的人在一起,否则便没有今天全新的自己了。

有人说,婚姻就是找一个人共同对抗生活。

可如果你一个人都过得不好,又如何承担两个人的生活?如果当初你就不那么喜欢对方,只是出于现实的原因而跟对方在一起,又如何抵御柴米油盐的平淡,走过漫长岁月?到那时候，也许婚姻不但不是锦上添花的解药，反而是雪上加霜的毒药。

我们总在说，要在对的时间遇到对的人，但谁也不知道什么时候是对的时间、谁是对的人。我们唯一知道的，就是自己仍不够优秀。

所以，姑娘啊，不要轻易向现实妥协，在你还没等到那个对的人之前，怀揣着希望走下去吧。上天终会赐你勇气，对抗岁月和孤独，纵使前路荆棘遍地，你亦所向披靡。

# 所谓的爱，是以自身为原点才能扩散的

每一段感情，最美好的都是第一次，但错过了便错过了，正如时间不可逆转，爱亦不可以重来。

那是一个初春的下午，微风徐徐，阳光透过百叶窗的缝隙照射进来，在地上洒落斑驳的光点。小蕾正在收拾房间，她踮起脚尖，伸手拿下置物架最上层的盒子。"啪嗒"，解开那只捆着彩带的黑色盒子，里面翻落出一块手表。

那是一块新式的石英手表，深红色的表带，白底银框的表盘，表盘上的玻璃有些裂纹，表针也未转动。

"嘟嘟，嘟嘟"，手机里传来一条短信：蕾，最近你还好吗？

我很想你……

这是一个她从未见过的号码,不过从称呼的方式和短信的内容来看,应该是她的前男友阿树发来的。不过,他们分手已近一个月。想我?分手了说想我?早干吗去了?如果不要脸可以买单,那前男友可以凭脸皮吃一辈子白食了。

小蕾虽然这样想,可看着那块手表,她的内心仍像被什么触动了一下。那是她过生日时,阿树送给她的礼物——阿树从背后拿出盒子打开的那一瞬间,她满脸的惊喜,快乐得就像个孩子,因为这是她心心念念了很久的手表。

想到当时的场景,小蕾的心中泛起一丝暖意,不自觉地拿起手机,想要敲些什么内容。可是,她突然意识到,他们已经不再是恋人。她将手机随手扔在了床上,拉起百叶窗,趴在阳台上看着外面车水马龙的街道。

圣诞节那天,小蕾一个人漫无目的地走在街上。那天,小蕾本想找阿树去看场电影,可对方说有事要加班,不能陪她。她是一个懂事的姑娘,虽然心里有些失落,但还是跟阿树说工作要紧,自己一个人随便逛就好了,还发了一个委屈的表情。

路过一家影院时,她想起一些事,那时候,她和阿树才交往几个月。

最初,小蕾觉得阿树有些敏感,因为他看到一点蛛丝马迹就能分分钟脑补一出大戏。就像她在朋友圈晒一张喝咖啡的照片,阿树凭桌子上的两杯咖啡,就猜想并试探着问她是否跟别的男生在一起。事实上,那仅仅是因为周末咖啡馆的人很多,所以她不得已跟别人拼桌,又无意中把别人的咖啡也拍进去而已。所以,小蕾常常打趣阿树,奥斯卡欠他一个最佳编剧奖。

有一次,她和阿树因为一些小事起了争执,一言不合就开始冷战。可没等多久,阿树就发来消息,见她没有回复,又接连发了好几条微信,内容都是千篇一律地问她在干什么。

小蕾开始觉得莫名其妙,直到她想起几天前跟阿树说过,有个男生一直想约她看电影,不过被她婉言谢绝了。她知道,以阿树的性格,估计又在怀疑她是不是跟那个男生去看电影了。

果不其然,阿树接二连三地打来电话,起初她没有接,后来干脆直接关机了。因为,她知道阿树想要说什么,甚至能想象当时他那张气急败坏的脸,所以一点都不想搭理他。直到晚上,她气消了些,才问阿树白天为什么打那么多电话。

阿树支支吾吾,半天都没有正面回答她的问题,只是说因为关心她,怕她出事,甚至还旁敲侧击地跟她说:"有场好看的电影,要不要一起去看?"

于是,小蕾告诉阿树,那场电影自己看过了,是和闺密一起看的。

那天,他们没有互道晚安,小蕾只说累了,想早点睡了。

其实,类似的事情时有发生,有时候她在忙,没有及时回复阿树的信息,他就会各种揣测:为什么你对我忽冷忽热,是不是喜欢上了别人?为什么你这么爱花我的钱,是不是把我当取款机了?怎么半天都没回复我的消息,是不是觉得我不重要了?

这世上哪有那么多为什么!"忙""懒""无聊",这三个词可以解释大部分你眼中对方的反常行为。可是,你一次次地无端猜忌和试探，一次次小题大做不断将事态升级，也是在一点点消磨彼此的感情。

追根溯源，阿树的敏感源于自卑，因为他不相信自己，所以更不相信小蕾。他不相信她说的，觉得她别有所图，觉得她有事瞒着自己，甚至不相信她真心喜欢自己。

但是，对女生而言，如果你既没钱，也不帅，又没才，女生图什么？我想，即使用最简单的逻辑去思考，也可以得出答案——出于喜欢和爱。

就像小蕾说的那样：如果有一天我离开了你，不是因为不爱你了，而是因为你不信任我。很多时候，这种不信任最消耗感情，也最容易让人感到疲惫。你给予对方足够的喜欢，可对方却好像一点都不信任你。

伏尔泰曾说，使人疲惫的不是远方的高山，而是鞋子里的一粒沙子。其实，感情又何尝不是如此。比起那些触不可及的未来，真正让人疲惫的，是对方凡事都要刨根问底，这让你感觉透不过气来。

而一方的不信任也会慢慢演变成互相不信任。有多少感情正是毁在这种无端的猜忌上：我担心你红杏出墙，给我戴绿帽子；你担心我不安于室，脚踏两只船。久而久之，许多事都藏着掖着，彼此小心翼翼，终究有了隔阂。而感情一旦有了隔阂，如果不及时解决，两个人只会渐行渐远。

不过，当时小蕾还是相信，只要交往久了，阿树会更了解她，也会更信任她。可是，渐渐地她发现阿树不仅敏感，而且还有些大男子主义。有一天下雨，她准备打车回家，正好有个同事顺路可以载她，车上也还有别的女生同行，她想了一下就同意了。她并没有告诉阿树，因为他说过要加班，她不想打扰他。

到了晚上，阿树加完班准备回家，打电话问小蕾："今天下好大雨啊，你怎么回去的啊？"小蕾也没多想，说坐一个男同事的顺风车回家的。

"你下班也不晚吧，难道不能打车或者坐公交车吗？或者告诉我，我去接你啊！"见小蕾不吭声，阿树又补上一句，"难道你跟那个男同事关系这么好吗？人家说不定只是客套呢。"

"你能不能别每次都这么一惊一乍的,就是顺路而已。"

"那你也该提前告诉我啊,非得等我问了才说吗?"

"我非得每件事都要跟你打报告吗?你自己说晚上要加班,难道我还让你来接我吗?"

"我也是为了你好,怕你吃亏,你不知道现在很多男的……"

还没等阿树说完,小蕾就挂了电话。

不知从何时起,小蕾感觉与阿树有了隔阂。

阿树同许多有大男子主义的人一样,总是以自我为中心,只许州官放火,不许百姓点灯:我想让你知道的会跟你说,而我不想让你知道的,你最好也别问。但是,你得跟我报告,你什么时候去哪里,跟谁,去做什么。

也许,阿树最爱的、真正信任的人只有他自己——因为生怕自己受伤,所以选择伤害别人。他是以关心和爱的名义,包装自己过度的占有欲和控制欲。

想着想着,小蕾心里莫名地泛起一阵酸楚。既然感情不能填满自己的心,那就让食物填满自己的胃吧,于是她打算去吃些什么。

可是，她突然在人群里看到一个熟悉的身影，那个本来应该正在加班的阿树。而在他身旁，那个跟他牵着手的面容清丽身材姣好的姑娘，她素未谋面。

"你怎么会在这里，你不是说在加班吗？"

阿树一脸的愕然，像是一个在森林里迷路的旅人突遇棕熊时脸上满是惊恐的那种神色。他着急忙慌地甩开了那个姑娘的手，而那个姑娘一脸的茫然，还未反应过来发生了什么。

如果换作别人，一定会抽男朋友一个耳光，然后跟那个姑娘来一场唇枪舌剑。可小蕾却笑了，不知道是因为阿树心慌意乱却强装镇定的样子显得滑稽，还是她在嘲笑自己的愚不可及——那个曾经总是不信任她的人，反倒成了失信之人。

其实，从几个月前开始，她就发现阿树跟一个姑娘很聊得来，但她不想过多揣测，因为猜忌只会影响双方的感情。那段时间，阿树对她也没有以前那么热情，总是以工作为由敷衍她。

那天晚上，小蕾回到房间，一下子瘫软在床上，将头埋进被子里。她看到阿树给她发了信息,说他跟那个姑娘只是玩玩,对她才是真爱。真爱?真爱就是背着她跟别的女生搞暧昧?

小蕾突然觉得,自己曾经喜欢的男生如今变得那么陌生。她将那块手表狠狠地摔在地上,想哭却怎么也哭不出来。

小蕾并不是一个拧巴的人,她可以接受和平分手,就算阿树直言不讳地对她说,他不喜欢她了,他喜欢上了别人,她也不会怪他。可是,对于欺骗,她是绝对不能容忍的,连吵架都觉得多余。

对一个人彻底地绝望,不是针尖对麦芒、言词相抗,更不是念念不忘、黯然神伤,而是当那个人从未在自己的世界里出现过。那天晚上,小蕾淡淡地回复阿树:我们分手吧。对方也没有挽留,说尊重她的选择。

爱,注定只有一次,不怕真心给错了人,只怕回忆舍不得扔。

小蕾躺在床上,拿起那只曾经最喜爱的手表,傻傻地看着天花板发呆。手表的分针、秒针,早就在心凉的那个晚上停止了转动,可是时间不会回头啊,依然马不停蹄地飞奔在路上。

手表的裂纹可以修复、遮掩，可那些伤痕却像一根根芒刺，永远扎在心上。

也许原谅并不难，但要再信任却不可能。感情一旦到了互不信任的地步，的确没有再继续走下去的必要。

想到这里，她坐起身来，靠在床背上，拿起手机给他回复信息：以前我开玩笑说奥斯卡缺你一个最佳编剧奖，看来是我太天真了，不拿最佳影帝都委屈你了。还有，我们已经分手了，以后别再来烦我。

那一刻，眼泪如同决堤的洪水一般，"吧嗒吧嗒"摔打在手机屏幕上，隔着屏幕敲击着的一字一句，像一群跳着舞的悲伤小人儿。

小蕾知道，他们再也回不去了。在她的眼里，分手后是做不了朋友的——既然做不了朋友，也就不必再联系。就像你丢了一个垃圾，难道还要捡回来吗？别人不觉得恶心，自己都觉得恶心。真正心爱的东西，是舍不得弄丢的。

曾经，我们以为要跋涉万水千山，走过迷途险滩，才能找到属于自己的爱。可是渐渐地，我们发现所谓的"爱"，其实是一条从生命的起点向着终点延伸的时间轴，是以我们自身为原点，不断向外扩散的同心圆，在不断与周围的人发生着联结、断裂，不断地得与弃中，沉淀出的生命最本真的爱。

生命中有许多不能走到最后的爱，不是错过，而是过错——是一方不懂得珍惜，而另一方选择放弃。那些爱情、亲情和友情，那些爱你的人，一旦弄丢了，也许就再也找不回来了。所以，活在当下，珍惜眼前人。

爱，只有一次。

## 这辈子，总要为一件事情执着一回

同事小菲在办公室里大喊大叫，嚷嚷着她不想活了。这让本来嘈杂的办公室瞬间安静下来，所有人都盯着她看，以为是工作上出了什么事，怕她想不开。谁知，她下一句竟然是："我的杰哥要结婚了，我好伤心，我迷了他十年，他怎么说结婚就结婚了呢？"我们都无语地看着她，继续忙碌手边的工作。

小菲是一个90后，这孩子没有别的毛病，就是爱追星。为了省钱能够近距离看偶像的演唱会，整整一个月，每天她只吃一顿饭。为了追星，她连自身形象都不要了，几百元的衣服舍不得买，化妆品买便宜的，但用信用卡刷1000多元的演唱会门票眼睛都不眨一下，她可以称作追星的楷模了。

小菲在一旁自顾自地喊道:"杰哥要结婚了,我好难过啊!好突然!我喜欢了十年的偶像竟然要结婚了,伤心!"

"明星离我们的生活那么遥远,结不结婚是人家的私事。就算哪个偶像不结婚,也不能娶你啊!作为一名粉丝,对偶像结婚不是应该感到高兴吗?他找到了属于自己的幸福,有个人可以陪他度过余生,那不是一件挺好的事吗?"我劝道。

听我这么说,小菲向我解释道:"你不知道,几天前我看娱乐新闻,说高修也有女朋友了。这一生我就这么两个偶像,一个刚刚公布了女朋友,要在明年结婚,我心里的痛还没有散去呢!另一个更好,直接宣布婚讯,这简直是让我去死啊!神啊,你为什么要这样对我,我到底做错了什么?"

还没等我说什么,一向以毒舌著称的月姐开口了:"就你还追星呢,人家结婚你不应该高兴吗?一看你就不是真爱粉,一点都不为偶像着想,人家都已经到了该结婚的年纪了,还不能结婚?做明星是一种职业,又不是签了卖身契。再说了,就算不结婚,人家也看不上你,你要是有这闲心,还不如好好工作呢。刚才来面试的那个男孩,是1996年的!95后都已经出来工作了，你们 90 后还没有一点紧张的意识啊！"

不过，话说回来，最近我的朋友也老说朋友圈结婚的人好多，而且还都是 90 后，好像这个季节很适合结婚一样。我真是没法理解这帮人，虽然我在上初中的时候也有过追星的经历，但是跟他们一比，我真是弱爆了。

有一天，我和同事出去吃午饭，回来看见小菲趴在桌子上，眼圈红红的。我问她怎么了，她说在看杰哥的婚礼直播，真是太感人了。她那认真的小样，看起来还真挺伤心的。我回到自己的座位，回想自己在小菲这个年龄时是不是也像她那样。答案是肯定的。

那时候，我很喜欢魏晓晨，从他出道的第一天开始，一直到现在我都很喜欢他。当时我刚刚毕业，走入广告这个行业不久。为了看魏晓晨的演唱会，我请假排队买票；为了参加他的签售会，我曾经辞掉好几份工作只为了见他一面。看看，当年的我也很疯狂。

可是，这一切在认识一个人之后，全部都改变了。这种改变，不是我不喜欢魏晓晨了，相反，我依然很迷他，只不过换了一种方式而已。而改变我的人就是我的"师父"——晶姐,她是我的贵人。

当时我在的那家公司,老员工会欺负新员工,再加上有时我还会请假,所以,那些所谓的"老人家们"理所当然地让我替他们加班。我每天都工作到很晚,在项目偶尔出错的时候,他们又让我一个人承担责任。虽然错误不是我故意造成的,可因为我是刚入行的新人,我请假的次数又实在是太多了,说再多老板自然不会给我好脸色。

直到有一天,晶姐来到我们公司,成了我的直属上司。她不仅教我怎样写文案、怎么构思,还告诉我:"如果你想追偶像,你就要有足够的经济实力。当你有了一定的实力,公司才会给你加薪,与其每天盲目追星,不如将自己变得强大,到时候站在偶像面前,你也可以自豪。你别看现在的工作局面是你们的天下,可再过个一两年,下一届或者下几届的学妹学弟们就走出校门跟你们抢饭碗了。如果现在你不让自己变得更好,到时候淘汰的就会是你,没有工作的人还拿什么去追星?"

当我沉浸在回忆里的时候,小菲已经哭得不能自已。很多人围着她,问她怎么了,可她只是拼命地哭着。慢慢地,人群散去，我来到她的身边，将我师父告诉我的道理告诉了她。

我说："你总是说偶像说结婚就结婚了，那是因为他到了该结婚的年纪。你看看人家00后，崇拜的都是90后，人家的偶像有几个结婚的？说白了，不是明星结婚的多了，而是你长大了。在这一刻，你不再是以前什么都不懂的小孩，当你踏上社会这辆列车的时候，你就应该对自己的一切负责，你的生活中不再只有偶像，你还有工作、朋友、家人，还有你的一份责任。你看看昨天来面试的那个96年的男孩，今天就来上班了，你想被一个刚出校门的小孩淘汰掉吗？"

小菲红肿着双眼盯着我看了半天，估计是没想到我能说出这些话，毕竟平时我是能不说话就不说话的人。不过，这姑娘也是奇人，竟然带着震惊的表情向我说了一句："我知道了，你也好好工作吧。"

此事就这样画上了一个句号，不论是我，还是小菲，我们都在用自己的方式爱着自己的偶像，将对他们的爱变成我们努力工作的动力，尽量以最好的状态参加他们的每一场演出。

我有一个朋友叫海岩，是一个非常努力的人，自从认识他以来，我好像就没看到过他给自己放一个长假。他对工作更是仔细得不得了，我们都不明白他为什么要这么拼命地工作。直到有一天，他说："我和你们的家庭情况不一样，你们从小是在爸爸妈妈的呵护下长大的，而我要保护我的爸爸妈妈。我的家在农村，在你们追星的年纪，我在地里做农活；在你们打游戏的时候，我还在地里做农活，我要扛起这个家的重担。

"上大学时，报到的第一天，因为我穿得土，有人叫我'土包子'。我很生气，因为我穿的那是我爸爸妈妈省吃俭用给我做的一身新衣服，他们怎么可以这样说呢？当时我真的很生气，我发誓一定要过上好日子，让那些瞧不起我的人都看看，'土包子'也可以有成功的一天。"

听着海岩的阐述，我心里莫名地有一种刺痛的感觉。在别人看来这是一个多么励志的故事，可是只有我知道，海岩在背后付出的艰辛。他之所以有今天的成绩，是因为他能够吃苦，不管遇到什么困难，他都能够坚持下来。想当年，海岩在通信部门工作的时候，每天一个人要走将近十公里去排查线路问题，可这些他从来都没抱怨过，从来没说过自己多么不容易、多么累。

用他的话说就是，比我们优秀的人有很多，比我们年轻的人也已经跃跃欲试，如果自己不努力，就会被这个社会淘汰，会被这个行业淘汰。他不想这样，所以必须更加刻苦。都说忆苦思甜才能够走得长远，可是能做到的又有多少人？

有人常说，这个明星结婚了，那个明星结婚了，什么明星结婚季啦……你们有没有想过，明星之所以结婚，不仅仅是因为他们到了适婚年龄，还因为他们也不能一辈子靠着脸蛋吃饭，现在他们能走红，以后就有可能过气，终归要退居幕后。

80后的明星在走过巅峰后，终究要归于平淡的生活，就算不甘心又怎样？90后偶像明星的崛起，注定让所有人的目光只集中在他们身上，80后的明星根本就不需要用单身来留住粉丝，你看那些90后的明星有几个结婚的？因为现在他们还有商业价值。

所以，如果我不想成为那个80后明星，我就要付出更多的努力来保住现在的地位，哪怕辛苦一点也没关系，因为这是我想要的，不要说我不服老，我只不过是不想被拍在沙滩上而已。虽然早晚有一天我会被超过，但只要我能坚持住一天，我就不会让这种事情发生。

也许小菲的哭泣不是因为伤心自家偶像结婚了，她在意的是偶像再也不能像以前一样风光，他再也回不到曾经那个巅峰时刻，最终不得不以这种方式让自己和粉丝们认清现实。也许小菲也会想到自己，因为月姐的那席话，因为那个1996年的男孩，她看到了将来自己被拍在沙滩上的场景。如果她不努力，一样会被这个社会淘汰。

不过，不管怎样，就像海岩说的，如果我们一直倚老卖老，还顽固地不肯承认，那么早晚有一天会被淘汰。地球上的人这么多，优秀的不止你一个，不仅那些不如你的人在努力，就连那些比你优秀的人也在努力。因为他们都明白一个道理：不想被淘汰掉，就只能提升自身的价值，让别人看到自己的优点，只有这样才能够长久地生存下去。

以前，我们面对新人时总是觉得：你一个刚刚入行的小孩知道什么啊？有什么资质跟我争、跟我抢？也许在十年前，公司还在以资质排辈，但现在时代早已不同，有能耐的人总会被重用，不管年轻或是年老。

年轻的一代每天努力地向上攀爬着，感觉浑身有使不完的干劲，但有时难免会莽撞，会错失方向，这时候需要一步一个脚印地前进。

而年老的一代,不要再用你那老旧的思想看待这个社会,社会早已变了模样,如果你不能跟上它的步伐,那总有一天你会被淘汰。这也怨不得别人,只能说你不够努力罢了。

所以,亲爱的,无论年老或年幼,这辈子我们总要为一件事情执着一回,不要等未来时过境迁才追悔莫及。

## 活得漂亮,是生而为人的责任

哲学上说,个性与共性是不可分的,联系具有普遍性。我们每一个人作为个体存活在这个世界上,必须为自己而活,要活得精彩、活得洒脱,才不枉在这世间走一遭。

在不断地突出自己个性的同时,我们与周围世界中人与物的联系也会日渐密切。虽为独立个体,我们却不可能完全独立于环境和人事之外。每做一件事,我们都会受到方方面面的影响,我们存在的意义并不只是为自己而活,在让自己活得漂亮的同时,还要顾及自己爱的人和爱自己的人。

小辉出生在东北的农村,父母都是以种地为生的农民。因为父母不希望自己的孩子还是从事面朝黄土背朝天的辛苦活计,希望孩子能有个辉煌的未来，所以就给他取名小辉。因为养儿防老的心态，农村家庭大多会多生几个孩子，小辉的父母却只想凭自己的力量把唯一的儿子培养成才，让他走出农村，去过宽裕又舒适的日子。

虽然父母目不识丁，却懂得读书对一个人的命运会产生四两拨千斤般的作用。农村的孩子大多是在田野间散养长大的，不会去上幼儿园、学前班。在这个意义上，农村的孩子比城市的孩子有更加无拘无束、自由烂漫的童年。

小辉的父母不懂得教育是怎么回事，就向村里其他人打听城市里的孩子都做什么、学什么，听说城里的孩子四五岁就开始上学读书，急得他们在家团团转，多方托人把小辉送去镇上的幼儿园。

村子到镇的距离有点远，他们没法每天接小辉回家，只好把小辉送到幼儿园住校。他们眼中噙着泪水，心一横把哭叫着要跟自己回家的小辉放在了幼儿园。当村子里的孩子还赤脚在土地上奔跑、抓鸡和玩泥巴的时候，小辉已经在双语幼儿园里学起了汉语拼音和英文字母，哭得一抽一抽的也得擦干眼泪、哑着嗓子朗读字母发音，学习汉字识读等。

从开始的不情愿到慢慢地适应幼儿园的生活,小辉逐渐有了学习兴趣。他果然没有让父母失望,总是众多小朋友中最优秀的一个。每次可以回家的时候,小辉都兴高采烈地带回好多奖状。这些奖状让小辉的父母发自心底地自豪和骄傲,细心地把每一张奖状都装裱起来,挂在家中最显眼的位置。他们平时干活累了,回到家中只要看到这些奖状,就觉得自己的辛苦劳作根本不算什么,自己的孩子将来能有出息、有所作为才是他们最有成就的伟业。

经过初步适应学习状态的幼儿园,进入小学后小辉更加需要守规矩,刚刚长大的孩子要尽快学会自己照顾自己,生活上必须自理——很多人直到成年也不见得做到这些,否则就不会有那么多"啃老族"的出现。正在成长关键时期的小辉不能每天依偎在母亲身边,跟在父亲身后玩耍,但他却每天都能迎着父母期盼的目光去学校,学本事,长技能。

父亲和母亲担心长身体的小辉照顾不好自己,吃不好、穿不暖,影响身体发育。所以,每到收获季节赚得一笔收入后,他们就把自己舍不得吃的好东西都带去小辉学校,再去镇上商店大包小裹地买小辉爱吃的零食,不问价钱地买各种他们都没听过的营养食品,简直想把整个县城的好东西都搬去送给小辉。

去镇上的时候,他们连一顿馆子也舍不得下,只在路边买几毛钱一个的包子填饱肚子了事,却把饭馆里好吃的肉和菜打包好给孩子带去。

按照现在的教育理念,小辉在成长阶段是缺少了父爱、母爱,但是对于他的父母来说,他们对孩子的爱是满到要溢出来的。正是因为这样多到无处安放的爱,他们才更要给孩子更多的机会去体验他们不曾有机会过的生活,真正走出去看看这个世界。

小辉背负着的不仅仅是自己的未来,还有父母一生的心愿。的确,也有一部分农村出身的孩子到县城读书后不求进步,贪图安逸享受。这些孩子活得潇洒且舒服,享受着父母一辈子都舍不得享受的丰厚物质,自我地活着。这些孩子忘记了自己不仅仅是在活自己的人生,他们觉得挥霍大把的时光消遣似乎也并无大碍。

对每天投身于田间地头劳作的父母来说,每一分钱都是血汗钱,让孩子拿去随意花费是不想孩子吃苦,不想孩子输在起跑线上。远离家乡的孩子带走的不仅仅是父母辛苦挣来的钱,更是充满殷切期盼的滚烫的心。父母自己没有机会读书上学走出农村,就把全部的希望都寄托在孩子身上,他们省吃俭用,腰酸腿痛也从不吭声,是想让孩子在外毫无顾虑地拼搏努力,自己不拖孩子的后腿。

当你已经成为父母的一切,就不能再只为自己而活。父母完全可以用自己的辛苦钱改善生活,让自己过上更好的生活。孩子可以完全散养,在农村还可以多种几亩土地,增加每年的粮食收成,这样的生活虽不易,但足够保障生存。但他们放弃了自己享受的机会,把希望完全寄托在儿女身上,儿女能得来这样的机会,肩上必然会多一份责任、多一份担当。

经历过小学、中学的层层洗礼,小辉带着父母的期盼成了当地的高考状元,以高分考入北京的一所名校。村子里所有人都羡慕他家出了真正的状元,尽管小辉父母知道孩子很努力,成绩很好,但也只是谦虚地表示还可以。现在,他们走在路上跟乡亲们说起自家孩子时,腰杆挺得比以前更直。面对亲朋好友,每次说起自己的孩子要去北京读名校,他们的眼睛都格外亮,嗓子也格外洪亮,好像自己也要去北京名校读书一样。

收拾行囊的时候，虽然明知道北京什么都有，父母还是想把家里最宝贝的东西都让小辉带走。没有文化的父母担心小辉嫌弃，小心翼翼地征求他的意见，是不是可以跟他一起去学校，把他送到学校再回来。

父母的心思真的不能更简单了，只是想跟着孩子的脚步，借这样的机会出去看看，看看接下来孩子要在一个什么样的地方学习和生活。不然，通过冷冰冰的电话咨询，他们想象不出来孩子求学的地方是个什么样子，就会惴惴不安，没有安全感。

小辉明白自己能有如此好的求学机会，一切都源于父母最初的决定。也许他不解过、埋怨过，但能得到这样的结果，他还是很感谢父母的无私付出，也希望未来能够通过自己的努力让爸妈看到更多的美景，感受更多的美好——也许只是多去几次不同的城市，品尝不同的美食，就足以让他们的生活不再那么单调。

四年后，从名校毕业的小辉在人才市场上炙手可热，他在北京找到一份很不错的工作，薪资待遇也非常优厚。勤奋努力的小辉在几年后凭自己的能力在北京站稳了脚跟，买了车，有了房。虽然父母不习惯这里的生活,却能经常到北京来看儿子,看天安门广场了。他们不仅在东北农村有自己的老家,在北京也有了自己的家。

小辉的努力,更多的是改变了自己的命运,对父母生活品质的影响可能并没有那么多,老人家习惯了勤俭节约,也不见得喜欢物质享受,但儿子的成就让他们活得有盼头、有劲,对每一个明天都充满昂扬向上的激情。孩子的优秀和成绩让父母对生活充满了积极性,这大概就是为人子女对父母最好的回报了。

作为孩子,与父母的联系是天然存在的。对于很多父母来说,孩子的降临使他们的生命得以延续,似乎是一个更鲜活的生命为自己而活。然而,对于很多孩子来说,他们更多地把生命的价值总结为实现自我,似乎父母的心愿与他们无关。

在农村家庭,父母的心愿是竭尽所能供孩子到大城市读大学。城市中的孩子,起点相对高一些,家长希望供孩子出国留学,回来做个海归派,从事一份高薪体面的工作。总之,天下父母都有着相似的心。

独生子女在家中会得到无限的宠爱,有些不仅是来自父母的宠爱,还有来自爷爷奶奶、姥爷姥姥的偏爱,有这么多人的爱陪伴着,就需要他反过来也爱这些人。孩子不一定要用物质来回报长辈们赤诚的爱,但一定要明白自己的身上还有他们的希望,要替他们去看看他们不曾看过的世界。只要孩子看到了,他们就会开心幸福得像自己也看过了一样,这样的幸福来得如此简单、淳朴。

想想父母省吃俭用养大了孩子,倾尽毕生所学对孩子进行教导,毫无保留地付出每一份真心去爱自己的孩子。孩子在长大的过程中已经潜移默化地成了最接近父母的人,不仅要为自己而活,更要为父母而活。因为,孩子的一举一动都牵动着父母的心,决定着他们的喜怒哀乐。

现在,小辉经常在闲暇时间带父母饱览祖国的大好河山,从东北一路向南,走过了山东、江苏、上海、江西、福建,再到海南,接下来他的计划里还有中部名胜、西南美景和西北特色。他还计划带父母出国去看看异域风情,这样才算是真的洒脱一回。

平时在外溜达,看到哪个小孩子不懂礼貌、损坏公物、欺负其他小朋友，我们都会想到是孩子的家长太不负责任，完全没有管教好自己的小孩。由此可见，孩子在某种程度上就是家长的代言人。

近几年，亲子类节目异常火爆，也带火了一群萌娃，格外懂事乖巧的小女孩多多赢得了大量的粉丝，受到广大网友的喜爱。与此同时，退居幕后的黄磊、孙莉夫妇也重新走回人们的视线，网友都感叹这对父母把女儿养得如此伶俐可爱真是厉害。有媒体采访夫妇二人时提到他们的宝贝女儿，明显能看到他们的脸上立刻洋溢出幸福的笑容。

儿女的成长，带给父母的不仅仅是成就感，更有情感和情绪上的连带效应。他们会为孩子的出生高兴得掩面而泣，会为孩子的蹒跚学步而胆战心惊，也会因孩子牙牙学语说出第一句"爸爸""妈妈"而喜难自抑。这样的情感联系在一开始就是注定的，他们本不求什么回报，这是他们的选择。而作为儿女，可以选择不把他们的付出和情绪当一回事，可以选择用心去感受他们的一喜一怒，去理解他们对生活的期盼、对未来的憧憬。

若是承载着父母期盼的儿女，能把自己的生命体验与父母的人生经验融合在一起,既拓展了父母的眼界,也增强了自己的人生厚度,继而在实现作为个体的自我价值时,成为一个有感情、有温度的人。

为自己而活,要活得精彩。更重要的是,要懂得生活并不全是为自己而活,自己的生命中还内含着最珍贵的人的希望,因此必须活得更漂亮,这是对他们应负的责任。

# 说话方式，可以映射出你的思维方式

不管是在朋友聚会、公司聚餐，还是在日常闲聊中，总有一些人能够用一句话就把话题终结，让前一秒还聊得热火朝天的气氛降到冰点以下。

一句话噎死人，一张嘴就把聊天聊死的奇异体质也不是谁都能有的。在与这种人聊天的时候，大多数人会有一种自己是如来佛转世的错觉，不然怎么能宽宏大度到如此地步，容忍他们把语不惊人死不休当作耍小聪明的把戏。

能把聊天聊死的人大概有三类：一种是把没礼貌当作率真耿直；一种是完全的情商低，从来不把别人的感受当回事；还有一种是对别人漠不关心，敷衍了事。

我曾有个室友，说话像连珠炮一样，语气也总是蛮横得像别人欠了她一百万，说话噎死人的能力更是无与伦比。第一天，在合租的房间即将跟她见面，我已经把所有东西都收拾好了，在心里对新室友发挥着无限的想象力。毕竟是初次见面的新朋友，我很希望能在第一次见面时给她留下一个好印象，也让以后的朝夕相处能变得轻松融洽一些。

敲门声响起的时候，我快步去开门，简单客气地向来人打招呼。然而，我并没有得到回应，她和与她同行的一位年长的女士连眼皮都没抬，拎着东西径直往屋里走。当时我还不能确定跟她一起来的阿姨是不是她的妈妈，为了缓解尴尬的气氛，也为了找个话题，我就问她，陪着她的阿姨是不是她的妈妈。她依旧是头不抬地回应我说："当然是啊，不然还能有谁！"我只好说了句"阿姨好"来缓解我受到的莫大冲击，然后为她们指引房间的方向。

她把东西堆在自己房间的门口，开始在屋子里溜达。我介绍说主卧那边是我的房间，这对母女径直推开我的房门，对着我刚刚整理好的房间说："收拾得还可以，还算干净整齐。"站在门口的我简直无法用语言来形容当时自己的心情，进我的房间前是不是得先问一下我的意见？而且，我并不需要她们对我的房间指手画脚。

与这对母女的初次见面,我一直处于被两人的言行雷到无语的状态。发现我住的是主卧,而她的房间是次卧时,她张嘴就问:"凭什么你住在主卧呀?"我回她一句:"因为我付的是主卧的租金。"

初次见面,她就让我们的每次对话都硬生生地砸在地上,没有一句话是能顺利说下去的。分分钟用自己的没礼貌把聊天聊死这件事情,我想,这对母女已经做到了极致。

也许对她来说,这只是正常的表达方式,但是跟她交流的人总是会莫名其妙地被噎。聊天这件事情的精髓,就在于你来我往地抛出话题,接住由头再准确地抛回去。不然,人际交流有什么意义?大家都在心里自言自语进行自我传播就好了。尤其跟这类把没有礼貌当作率真耿直的人说话,你不能用同样没礼貌的方式噎他们,因为气氛已经处于无法化解的尴尬之中了。

在经历了几次聊天事件后,我开始学乖了,尽量避免与她正面交流。对我来说,这样做能少给自己添堵。生活已经很不容易，我何必给自己找不痛快呢。而对她来说，大概是少了些展示自己率真个性的机会，同时也让室友关系变得更加简单。避免闲谈，减少分享，这是在把可能成为朋友的人恶狠狠地拒之门外。

再来说另一种情商低的人，这类能把聊天聊死的人最典型的代表是一些"职场小白"。初入职场的新人都希望能给同事、老板留下好印象，把自己塑造成为勤奋肯干、兢兢业业的优秀员工，往往就是在这个过程中，在没有完全弄清状况的时候随意接话茬，结果导致气氛骤然降到冰点。

比如小鱼，大学毕业后找了份在杂志社的工作。她非常努力，想干好手中的每一项工作，大家也都对她的工作热情和积极性给予了很正面的评价。可是，在大家中午休息闲聊的时候，或者办公室统一开例会的时候，人人都很害怕不知道什么时候她突然说些让人没法接的话。

小鱼是办公室新人，很想借大家闲聊的机会跟大家熟悉起来，就尽量参与大家谈论的每一个话题。谈到近期大热的韩剧时，大家会讨论剧中的男女明星八卦或者电视剧里的流行时尚衣服，这时候小鱼却抛出一句："韩剧没什么好看的，还是美剧好看。"

大家只好把她当空气忽略掉，再继续自己的话题。

在办公室开会研讨主题项目时，大家绞尽脑汁都没能想出完整的方案，小鱼就会想各种各样的点子希望能把方案补充完整。每一次，主管领导给她的回复都是："你再回去好好想想，这个点子还不够成熟。"这时候，单纯的小鱼不是接受主管的意见换一个提案，而是按照自己的想法据理力争，证明自己的点子已经很成熟了，是经过深思熟虑的。办公室例会常常在小鱼口干舌燥的争辩中结束。

其实，主管是在拒绝小鱼的方案，让她回去再想想，是一种比较委婉的方式。初入职场的小鱼却没能理解这一层意思，虽然她毕业于名校，智商肯定没问题，但情商还真是不高。

这些因为情商不高把聊天聊死的人最让人哭笑不得，别人往往还没有办法去怪他们，他们接话时也是好意，问题是他们不但分不清场合，还挑不准时机。

好在这一类"职场小白"，大多能通过历练度过这样一段冒冒失失的时间。

提高情商很大一部分技巧在于学会倾听,因为说话是一门艺术。就像我们在读文学作品时,经常会为作者巧妙的情节安排拍案叫绝一样,现实中真正会说话的人都是懂得倾听的人,人们不一定会把自己的想法完整地表达出来,但会在话语里有所表现。像小鱼这样把聊天聊死的人都是完全没经过大脑,不思考别人说话的意图是什么,自己就接上不合时宜的下半句,自然不会再有下文了。

杂志社的工作经常需要小鱼进行一些采访,而她发现自己的采访总是浮于表面,没有太大的意义。比如,她跟采访对象进行沟通交流时,经常会出现冷场的现象。她提出一个问题,受访的人回答结束,但回答内容与她想好的下一个问题完全没办法衔接上,这时候难免会陷入尴尬。只得赶紧生硬地提出毫不相干的问题继续采访,一场采访结束,她总觉得过程很不连贯。

不想在采访时没话可接,避免尬聊,小鱼应该在受访者的回答中寻找受访者潜在的意愿。与闲聊相比,采访是一种主客体区分明确、有目的的对话,需要双方在你来我往的问答中实现交流的逐渐深入。

在看电视节目的时候，我们总爱评价这个主持人会说话，那个主持人不会说话。会说话的主持人都有一个特征，就是他们反应很迅速，能准确地洞察话题抛出者的意图，该接的话题能接住，不该接的就完美地抛回去。

之前，有记者采访汪涵，说大家都在讨论湖南卫视一哥之争，问他认为自己是一哥还是何炅是一哥。抛出这个问题的记者明显希望从他的话语中挑出些毛病，有种看热闹不嫌事大的心理，没有想过这个问题会让现场呈现什么气氛。汪涵准确地抓住了提问者的这种心理，回答道："当然是何炅，但我是他大哥。"他完美地接住了可能让现场尴尬、爆冷的问题，并用玩笑与调侃的方式把这个问题化解，避免了尴聊的局面。

还有一种为人冷漠的类型。能够在一起说说家常的人一定都是自己身边的人，但就是有一些人不太知好歹，往往用"嗯""啊""哦"这样的词来回应别人对自己的关心，生生地把一段温馨的对话掐死在摇篮之中。

创业之初的明亮总是对朋友的关心敷衍了事，对身边的人的态度也非常冷漠。有一次，很久没见的一个老朋友约他叙旧，真心实意地打电话定好时间、地点，他也答应了下来。可到了那天，由于完全没有把这件事放在心上,他忘得一干二净,朋友打电话提醒他,他却回答说"不是每个人都像你那么闲",要求朋友等他一会儿。

一个小时后,明亮姗姗来迟,不仅连一句"抱歉"都没有,还见面就跟朋友说:"咱们快点吃完,一会儿我还有别的事情要忙。"听罢他的话,朋友直接说:"既然你那么忙,那就去忙吧。"然后径直离开了餐厅。明亮用冷冰冰的话语敷衍自己的朋友,朋友满心的诚意被他一句句刀枪般的话语刺得生疼。

在这种情况下,不会说话的人距离失去朋友已是一线之隔。对不熟悉的人说话生硬这只是礼貌问题,用冷漠的话语把关心自己的人的那一颗真诚的心扎得千疮百孔,这就有关个人品德和素质了。谁都有忙的时候,谁都有累的时候,但这不是用冷漠的态度去回应他人的理由。特别是对爱你的人,没有哪一种关心是理所应当。冷漠是因为不在意,是因为在疲惫生活中忘记了比工作赚钱更重要的东西是什么,才会任由自己用指责和呵斥把话题聊死。

实在疲倦了坚持不下去的时候,跟朋友倾诉一下心声,听听他们的意见,也就不会那么累了,坚持也会变得更容易。原本有可能是一次温暖的对话，被无情地敷衍噎回去的时候，朋友心中涌现的是无限的悲哀。冷漠注定会让人失去一切力量源泉，陷入孤岛，作为群居动物的人类是无法在孤岛中生存的。

简单来说，把话说死就是好好的话不好好说，如果可以温柔婉转地说，就不要尖声戾气地说。说话首先展现的是一个人的礼貌教养和品德修养，再深刻一点，还能看出一个人的能力和情商。所以，说话不是一件简单的事情，把说话修炼成为一门艺术，真正掌握了这门艺术的人，才是懂得人际沟通要义的人。

小鱼把话说死是因为她总在不该说话的时候滔滔不绝，企图展示自己、迎合他人，却反而把自己的低情商展露无遗。创业之中的明亮与老朋友把话说死则是因为在该说话的时候不说，能好好说的话不好好说，如此这般，礼貌和修养立见高下。

好好说话是人际沟通最基本的要求，唯有如此才能不把话说死。若想把话语说出点花样来，就要拿出点真凭实学了。说话方式的背后是一个人的思维方式，真正的智慧不是通过语不惊人死不休的方式来展现，抖个激灵、甩个包袱只是人际场上不入流的小偏方。在一次次把话说死后，我们要吸取经验，在以后的言谈举止中展示出翩翩风度，让整个人都散发出智慧的光芒。

拼命努力，才有能力

## 自律，才是人的第一生产力

很多现代人在工作中都有一条不成文的原则，即不到计划截止的最后时刻绝不完成，能拖多久就拖多久。在当下，不管是上班族还是学生群体中，这都是一个很普遍的现象，甚至很多人把"拖延症"当作一个标签，以此划定自己的人群属性。

"拖延症"究竟是个什么概念呢？既然称之为"拖延"，当然是在规定时间范围内没能按时完成某件事。尽管能在某一项工作或学习任务的最终截止时间之前补回来，但结果并不能与将时间全部投入这项工作做出来的质量相比。

大学同学小晨是一个十分乐于把自己称为"重度拖延症患者"的人。她每天悠闲度日，看起来得意自如，似乎不用为任何事情操心。毕竟大学生活还算不上太忙，该上课的时候去上课，不上课的时候回到宿舍打打游戏、追追美剧，这就是她基本的日常了。

事实是，大学里各种考试也是接二连三的，英语要过四六级，计算机要过一二级，普通话也要考证，平时的期末考试也是逃不掉的。

小晨的拖延后遗症在每一次接到考试通知以后就会表现得淋漓尽致，她报了名，交了钱，买了复习资料，一般也会几个人约好一起出去复习，但一直到考试你都不会见到她学习。通常，她的理由分为以下几种情况：今天不在状态，不适合学习，或者不舒服，要在宿舍休息，明天一定去学习。

明日复明日，明日何其多。就这样，一再拖延到类似期末这样的考试时，她才在考试前一晚室友们都准备休息后开始头悬梁锥刺股，恨不能吃掉一筐子哆啦A梦的记忆面包，从午夜12点一直看书到早上7点，然后头晕目眩地顶着两个大黑眼圈跟大家一起去参加考试。结果，当然是大家普遍可以高分通过，而她则低分险过，有时甚至不得不补考。

而像英语四六级、计算机等级这类考试,她一直崇尚裸考,也就是不做任何准备,连往年的真题也不看,直接上阵考试。她之所以这样,当然也是因为她的拖延症,一般在大一、大二就可以结束这些考试拿到证书,她的拖延换来的结果是,直到毕业她也没能考过英语四级。

每一次的拖延让自己得到了什么呢?可能只有当时一刻的安逸享乐,也许看着其他人匆匆忙忙地看书、学习、充实自我的同时,小晨的心里也有那么一丝丝焦虑、着急,也许她也曾想着跟大家一起去学习,但是她却无法战胜心中对片刻舒适的追求。期末考试一旦挂科会面临补考的危机,而英语四六级考试已经不是获得学士学位的硬件要求,所以她通过英语四六级考试的欲望并不那么强烈。她只能在临考前用尽所有力气去奋力一搏,但是这一搏的背后要承受的心理压力堪比攀登珠穆朗玛峰。

试着分析一下拖延症患者的心理动机。他们一定都明确地知道,这件事情就算拖延到最后完成也不会产生什么太糟糕的结果,不会带来难以遏制的消极影响,所以才敢肆无忌惮地拖延,或者就算拖延下去不完成也不会带来多米诺骨牌式的恶性循环。否则,就算再拖延,到了"Deadline",每一个拖延症患者也会满身疲惫地呈上自己的工作成果。

因为,他们知道自己能够承担什么样的后果、承担不起什么样的后果,所以拖延在某种程度上并不等于懒。懒惰者会不顾后果地无限拖延下去,哪怕给自己带来难以承担的惨烈后果。

现在的拖延症患者,大多耽于一时的娱乐休闲。智能手机、娱乐 APP 的层出不穷给拖延症患者带来了消磨时间的福音:游戏玩一会儿,朋友圈刷刷,微博看看,或者干脆对着手机发呆……

面对并不是一下子就能搞定的学习任务或是工作任务,人们很容易产生心理压力,就像初学者写论文开题很难、新人作家写稿子容易拖稿一样。大多数人都爱拖延,希望给自己留出足够的心理准备的时间,先去干点轻松的事,然后再去开始某一项颇具挑战性的任务。

小晨在上大四时,她所有即将毕业的同学都在为未来的出路想办法,有的努力学英语考托福、雅思,申请到国外的学校留学,也有的准备考研继续在国内深造,还有的就是准备直接参加工作，投入到社会实践当中去。

小晨老早就跟另外两个室友 A 和 B 约好要一起考研，实在考不上就去找工作。大四最后一个学期一开学，A 和 B 就进入了紧张的学习状态，早起晚归，以图书馆、自习室为奋斗阵地。一贯拖延的小晨依旧今天推明天，明天拖后天。那么宝贵的复习时间，小晨却独自在宿舍追美剧、看小说、吃外卖，小生活当真是滋润。直到考试前几天，A 和 B 都在做最后的突击准备，小晨才怏怏地跟室友说她准备弃考了，连炮灰也不想当了。

一直拖延着不去学习的小晨，在知道自己考不上的情况下放弃了考试，本以为她会转而投入找工作的大军，事实上，她是更加心安理得地过着追剧、看小说的优哉游哉的生活。

拖延过了每一次的学习任务、考试任务，到了现在，小晨拖延的是自己的人生安排，她似乎总是缺乏勇气去迎接每一个新的挑战。

现在每一分钟的安逸享受，都是在跟未来可能改变命运的机会说拜拜。

小晨就这样一直玩乐着，跟室友 A 和 B 一起等待考研初试成绩公布的日子。成绩出来了，A 高分通过初试，有机会进入复试；B 发挥不利，无缘复试。A 马不停蹄地开始准备复试的学习内容，B 在查询过调剂信息后决定不申请调剂，直接准备找工作。

此时，小晨与室友 B 处于相似的情况，B 也错过了每年的秋季招聘会，要在春季招聘会上发力。B 马上开始在校园内搜集各种招聘信息，参加自己感兴趣的招聘会。在经过多次面试失败后，B 慢慢吸取经验，提升自我，最后在她想去的城市找到了一份薪资待遇很不错，并且专业也很对口的工作。

在这段时间里，小晨仍然迟迟不愿意行动，总说自己害怕面试官面无表情的样子。另外，也没有她满意的工作，索性就再等等看，有自己喜欢的工作或者公司来招聘的时候再去。一来二去，小晨拖到了真正毕业的时节。同学们要么拿到了升学的录取通知书，要么拿到了心仪工作的 Offer，而小晨却真正成了"毕业即失业"的大学毕业生。

像小晨这样总是把事情拖到最后时限来做的人有不少，一个时限追着一个时限跑，永远活在最后期限的危机和恐惧之中。

工作虽然也能够完成，但是难免得不偿失，没有用充足的时间为工作做足够的准备，工作质量不但难以保证，还把自己的休闲时间变得胆战心惊，生活品质更加难以提升，离精致的生活越来越远。

毕业一段时间以后，我听其他同学说起过小晨。她回到家乡，家里帮她找了一份还算稳定的工作。她也通过相亲认识了一个男朋友，生活规规矩矩，虽不是风生水起，但也安稳和谐。

我想，这就是小晨一再拖延着过每一天的最后退路，她明确知道自己就算拖延下去不去面对一切挑战，生活也不会彻底崩溃，所以与其费尽心力"升级打怪"，还不如在自己的副本里随意溜达，享受平淡。

对于小晨的这种人生选择，我没有任何褒贬评价之意，每个人有不同的选择，我只是对拖延症患者的心理动因加以剖析。面对一项艰巨的任务，有迎头挺进的人，他们能够享受劈波斩浪的痛快，同时也必须承担失败可能带来的挫败感。相反，也有拖延着懒于去面对的人，他们对自己的人生要求不同，所应对的挑战和承担的风险也就不同。

可惜，从小晨的角度来看，太多的拖延浪费了太多的时间，期末考试不过要面临补考，英语四六级考试不过找工作总是第一轮就被刷下来，考研前不复习，到底还是让她失去了一次靠升学改变未来的机会。

在这个社会大机器的正常运转中，每个人都有自己的任务和使命，为了让这台大机器运转起来，分内工作是逃不掉的。就算逃避或拒绝了这项任务，下一份工作到来后，每个人依然有自己要负责的任务安排。

现在很流行时间管理、人生规划的课程，各行各业的精英人士也乐此不疲地把它们作为自己的成功法则，拿出来与世人分享。在他们的故事中，我们经常看到有些人有了想法立刻身体力行的魄力。这种时间管理、生涯规划对一些人战胜拖延十分有效，有了对时间维度的掌控，把生活中混乱无序或杂乱无章的工作事项按时间、难度等不同方式计划好，在规定的时间内尽早做完，这是一种明确有序的工作安排。

现代人很多都会制订这样的计划或者安排，比如年末岁尾，或是新年伊始，人们会为新一年列出一个待完成的清单：要读多少本书、看多少部电影、走多少个城市等。可这些计划往往可以在下一年的新年拿出来再次使用，就这样，2017年的新年计划大概要留到2019年来执行。

不管如何制订计划，最终都需要执行，不过，执行与否取决于制订人意志力的强弱。有句老话说得好，"长痛不如短痛"，不管怎么拖，其实你心里都知道注定拖不过去，发挥意志力正在此时。

作为一个成年个体，没有人能够强迫他人做什么事情。老板对员工也是如此，只是老板有权解雇自己不满意的员工。如果不想丢掉饭碗，按时、按质、按量完成工作，是一个人对自我的基本要求。

我见过一个对自己要求非常严格、对时间概念有着特别强烈执念的人，她是我大学时期的班长。一年四季，她总是每天6点半起床，有学习任务或工作任务时她会在7点半进入工作状态，按时吃饭，按时休息，每天晚上还会夜跑5公里。大家都叫她"拼命班长"，她拿全额奖学金、校长奖学金，参加各种各样的活动，到她手里的任务从来都是提前完成。

她用过人的意志力执行自己定下的每一个计划和安排,履行每一个对自己的承诺,把每一项任务安排进合理的时间空隙之中。

人要学会自我管理、自我控制,除非遇到不可抗的外力阻挡,自己定下的计划没理由不去执行。要明白,再怎么拖延,最后也不会有人帮你完成你本要完成的任务。

## 用努力，填满时间的每个空隙

时间大概是世上最公允的一个容器，它为每个人悉数盛下一生的嬉笑怒骂，存下一辈子的眼泪和欢笑。在看似漫长实则短暂的人生岁月中，有多少人能够真正把时间的空隙填满，在有限的维度中延展自身的宽度和密度呢？

每个人都需要在时间的磨砺中层层蜕皮，经历痛苦的化茧成蝶的过程，在张开翅膀飞向天空的一刻，翩翩飞舞的身影会向全世界昭告：我已经成为比昨天更好的自己！

席子来自内蒙古自治区中部最偏僻的乡镇，是纯正的蒙古族少年，从自治区首府呼和浩特到他的家乡，中间要乘坐长途火车、长途汽车，再转当地人赚外快的"小黑车"，最后还得徒步 5 公里才能到家。这一路上会见到绿色的草原、挺拔的胡杨林，还有黄土堆积的一个个小山包。方圆十里之内，只有他们一家，想找邻居串个门、聊个家常都很奢侈。

在人们的传统印象里，蒙古族少年都会成长为虎背熊腰、力大如牛的蒙古大汉，但席子从小就有些瘦弱，所以人们都习惯叫他小席子。尽管如此，他高高的颧骨还是清晰地显示了自己蒙古族的轮廓特征。虽然身材矮小，但他从小就有蒙古人骨子里的刚劲和勇猛。

也许因为父亲是当地中心学校校长的缘故，席子家比当地其他人家更重视教育，姐弟二人从小对学习就非常认真，成绩也一直很优异。尽管如此，因为姐姐是女孩子，大家都认为她读书没有用，不会有什么大出息，将来注定要嫁为人妇，操持家务。席子虽然是男生，但身材瘦小、性格内向，所以即便学习成绩好，也没人认为未来他能做成什么大事，大概也就是在老家过着与上一辈一样的生活，保证自己的温饱，到了适婚年龄娶个蒙古族姑娘生儿育女，安安稳稳地度过一生。

在乡里上完小学后，席子和姐姐都考入了镇上的中学。在镇上读中学的日子是姐弟俩最辛苦，但可能也是最怀念的一段时光。在镇上的中学住校读书,每两个月为了回家一次,姐弟俩要省吃俭用把路费省出来。经过漫长的颠簸折腾,每一次他们都能在长途客运车上迷迷糊糊地睡上几次,梦里经常是回到家以后吃到妈妈做的美食的情境。下了汽车,姐弟俩走着一起数着一座座山包。他们知道,离家越来越近了。

成长中的少年总是不知愁滋味,尽管条件艰苦,学习任务繁重,承受的压力更是不小,但时光总是不会辜负一个人的辛苦努力。

姐姐先考上省城的大学,席子紧随姐姐其后也考上了大学,在另一座城市开启了另一段人生。在漫长的时光中,从来没有被看好的姐弟俩突然间成了乡里仅有的两个大学生,成了邻里津津乐道的对象。眨眼之间,那个该谈婚论嫁的小女孩和身材矮小的敦厚少年一下子成了众人的骄傲。

与家乡人心目中两个强大的少年形象形成对比的,是他们在新的城市遇到了问题和困难以后的困惑。曾经,在他们所在的乡镇县里他们是最优秀的,可来到更大的世界以后,他们见到了山外山、人外人。差距摆在眼前,无论是谁都难以平衡无限的失落感。可是,从最初的落后到大学毕业,两人都以优秀毕业生的身份获得学位证书，所有的老师、同学都很佩服他们。

坚持，说起来很容易，但真正做起来就会发现时间是最大的敌人。起先，人们都能兴致勃勃地坚持几天或者一段时间，天长日久，就像有一只小怪兽把自己对坚持的积极性全都打退了一般，更别说有质量、高效率的坚持了。很多与强者意想不到的差距，就是在这样的岁月积淀中慢慢产生的。

姐姐毕业后选择了继续升学，攻读硕士学位。席子则选择用自己的一身才华去社会上闯荡。初入社会，席子进入了著名的某乳业公司。在这个看重颜值的时代，起初他的能力和才华都没有被注意到，是工作经验的积累和一次次有条不紊地应对危急情况的能力，让周围的同事看到了他与年纪不太相符的成熟稳重。

因为办事牢靠、能力突出，席子很快从普通职员走上管理岗位，为自己的事业开创了一片光明的天地。在公司的年会上，他用高亮浑厚的嗓音高歌自己对蒙古民族的热爱，一展文艺才能，博得众人的掌声。

能力和才华需要时间来慢慢展现，在自己能够掌控的时间中，每一次的努力都在慢慢积累着，在你的身体中不断地酝酿、发酵，直到化为一股巨大的能量，在关键时刻喷涌而出、厚积薄发，让一切可能出现的问题都在自己的掌握之中。

几年之后，席子坐上了高管的位置，用自己的多年积蓄以及从公益组织申请的款项为家乡建了一所希望小学。他回乡建校的时候，家乡领导、多年的邻居和以前的同学都夹道欢迎。

从一个瘦小、不被看好的小男孩成长为一个强大的男子汉，并且依靠自己的能力为家乡人民谋福祉，在席子成长的过程中，一分一秒的时间都不曾被他辜负。现在，健硕的身体在时间中书写着严格自律，当下坚毅的眼神在时间中映射着曾受过的每一场苦难，而深邃的眼神则在时间中查阅着翻过的每一本典籍。

时间这个最公允的大容器不会漏掉每一次有血、有泪、有汗的付出，我们需要做的事情，就是对自己严格要求，不浪费转瞬即逝的每一秒。在时间滴滴答答的走动中，我们总会等来它颁发给自己的奖状。

我的弟弟和他妻子小高的相遇，是我在忙碌的时光中收获的最美好的礼物。这对夫妻完美地诠释了如何在时光中不断努力更新自己，怎样奋斗会让自己脱胎换骨成为更好的自己。

小高在婚前同样也是一个白领，每天奔波于公司的上上下下，与弟弟结婚后，她决定做一个全职太太。很多人为她感到可惜，她在公司中是能力突出、前途光明的潜力股，但在大家的可惜叹惋声中，她还是坚持自己的决定。

很多人认为，做了全职太太，就意味着一生都被束缚在丈夫的身边，没有发言权，也没有对生活的主导权，人生止步不前，甚至是走下坡路——全职太太的使命只有照顾丈夫和孩子。

小高虽然选择了做全职太太，但她并没有打算让自己的人生如人们所说的那样苍白枯燥。辞去工作后，每天她除了要把家里收拾得干净、整齐以外，用于自我提升的时间反倒比以前多了。因为她有了更多的空闲可以自己支配，而很多家庭主妇通常会把这些时间拿来看肥皂剧。她则对自己每一天的时间都进行了合理的规划，家庭是核心，自我提升更是必不可少。

烹饪成了她的一大爱好，每天她会去菜市场寻觅新鲜、健康的蔬菜，回到家花费两到三个小时把食材变成一道道丰盛的餐饭。曾经作为上班族的她，觉得每天花那么多时间去做饭简直是一种浪费，必须把每一分每一秒可用的时间都投入到紧张的工作中，所以每一顿工作餐都是随便解决一下，吃了很多垃圾食品。

而现在，在花费时间挑选和烹制菜肴的过程中，她体会到了人生的另一种美妙——用自己的厨艺和心意为心爱的人做出一桌美食，跟眼前人坐在一起共享一桌美味的食物，生活因此变得更加有情趣。

将自己的情意分分秒秒放在时间的匣子里，时间不仅会铭刻下你有血、有泪、有汗水的付出，也会存下有情、有意、有真心的付出。事业需要经营，家庭也一样需要经营，需要花费时间和精力。为家庭不断付出，会让一个人成为一个更合格的家人。

除了在烹饪方面发现了生活的美好外，小高还爱上了运动健身。以前她整天只吃工作餐，加班时还总吃汉堡、方便面一类的食物，这让她的身体不免堆积了一些小赘肉。现在，跑步、健身、打羽毛球，很多运动项目对她来说都不在话下。每周到健身房训练三到四次，加上健康、规律的饮食习惯，没几个月，她就对自己身上的小肥肉说了拜拜。

另外，羽毛球本来只是她的业余爱好，随便玩玩，可是现在她打起羽毛球已经接近专业选手，完全可以上场打比赛。因为每一次俱乐部的训练，她都积极地参加，三四个小时的训练强度，她都会汗流浃背坚持下来。

因为酷爱各种汽车，以前她就接触了汽车方面的不少知识。做了全职太太闲下来以后，她用更多的时间来了解汽车方面的专业知识，开了一家二手车中介公司，对汽车市场的充分了解让她对二手车价格的评估准确又合理，生意很快就做得风生水起。

很多人想要做副业增加收入，但苦于没有项目可以开发。也有人没有拿出时间去开阔自己的眼界，不了解市场的最新行情，做生意的想法当然只能胎死腹中，在心里想想就算了。

做了全职太太以后，小高拿出更多的时间陪伴孩子的成长，她说这件事真是太值得了。在那段时间里，她和孩子一起哭、一起笑，一起度过孩子难熬的青春期，避免孩子的成长中出现爱缺位的情况。孩子慢慢长大，她也在成长，一起成了比以前更优秀的自己。

对很多人来说，与时间一起消逝的还有曾经的梦想、憧憬和激情。本以为在时间的尽头会成为梦想中的自己，对自己的敬佩足以让自己竖起大拇指，最后却只是恹恹地度过碌碌无为、无情无趣的一生。

著名导演李安曾经有很长一段时间没有工作，靠妻子赚钱养家。那时没有人看好他，都觉得他没有能力，混日子吃软饭。闲在家里的那段时间，事实上他没有虚度一刻，他不断丰富自己对电影的认知，并且总结整理出自己对电影的理解，终于在厚积薄发中实现了自己的电影梦，得到了大家的认可，同时也为大众带来美的享受。

赋闲在家没有那么可怕，一时得不到别人的理解和认可也没有那么严重，毕竟有时间为证，时间会证明你没有忘记心底的梦想。

还有很多人认为时间的存在只是一个数字，每天秒针、分针走过的就是表盘上的刻度而已，生活中的每一天都单调、重复，不值得记录。然而，时间的意义恰就在此，它在提示我们又度过了一天,每一天都应该有不同的主题,生活的趣味性就在这儿——即便要重复同样的内容,今天的我是不是比昨天的我做得更好了呢?

一个人看过的书、接触过的人,以及学识、经历等都会慢慢融入这个人的品行中。不愧对每一寸光阴,用努力填满每一个时间的空隙,最终时间会证明你已经成了更好的自己。

## 话不说破，是一种修养

小东是我多年的好友，他对我的生活特别关注，几乎我发的每条朋友圈他都会点赞、评论，很多时候给我的建议也是一针见血，我一直都认为这样的朋友是值得用一生去交的。但有的时候，我却很怕见到他，因为我不知他的"耿直"会在什么时候让我无所适从。

比如说，几天前我在网上看到一张图片，是说一个人吃饭时发现马云坐在旁边。我突然也想恶搞一下，就发了一条朋友圈：昨天跟朋友吃饭，席间有个中年男子跟我说他是开网店的，看我骨骼清奇想跟我做个朋友。我想了一下，委婉地拒绝了。

顿时，我的朋友圈就出现了一群点赞的、评论的，有不知道真相的朋友说："厉害了，我的哥！"也有一些看明白的朋友马上把它转发到自己的朋友圈，但大多数朋友还是说："你这段子编得越来越溜了啊！"可到了小东这里，那评论堪称网络中的泥石流，说什么："亲，你是不是整错了？这个人是马云的爸爸吧？他不是在美国吗？"

看到这句话，我的内心崩溃了。我想了一下，回复他："东子，干吗如此认真呢？我只是发个图片，让大家乐一下而已！"

谁知，这哥们开始不依不饶地说："我感觉这样不好，有些东西有就是有，没有就是没有，不能这么随意。"

看着小东这个样子，我开始反思，也许这样的行为真的不妥，便把朋友圈的信息删掉了。没过多久，就有人问我："你怎么还删了啊？不就是一个玩笑吗？"

本来这事就是个玩笑，也许我做得确实不对，但是我又无法对小东充满感激，毕竟在网络里调侃名人，人们早就习惯了。可是，你让我恨他吧，我又做不到，虽然他的行为给我造成了困扰，但他也是真心为我好，毕竟他的出发点不是恶意的。如此这般，我又怎么能对他恨得起来呢？

可是，对像他这么较真的人，不让他把话说出来又很难。其实，我们说出来的话是必须加工一下的，要让别人感受到虽然你在反对他的行为或观点，但你也在试图理解他。这样，被说的那个人的内心可能会好受一点，或者也可以微微一笑，什么都不说。如此一来，两个人不仅都懂对方的意思，还增进了朋友之间的感情。

有时候，我们总强调一个人要经得起夸奖、受得了批评。其实，大多数时候我们还是无法接受说话直的人，这与内心是否脆弱无关。如果一个人说话时连你的感受都不考虑，你又怎么能相信他的建议是真的对你有帮助呢？有人会想，你之所以说一些尖酸刻薄的话，只是为了宣泄不满。

"知人不用言尽，看破不必说破"是一种智慧和涵养的叠加，是心里想着别人的一种情感表现。人生本来就是一个大牢笼，我们所有人都被禁锢其中，你又何必提前向我们剧透结局呢？有时候对看透的事情回以微微一笑，岂不是更好？

看破不说破，不是让你完全不说，而仅仅限于不说破而已。

在这个世界上，我们每天面对的真真假假太多了，不要总活在自己的世界里，不要总觉得"世人皆醉我独醒"。有时候，说话要点到为止，留一半让对方自己去感悟，这比你全都说出来的效果要好很多。到时候，你会发现自己的情商瞬间爆表。

老王是我的大学同学，无论在哪儿，总能看到他拿着一本阿德勒的《自卑与超越》。平时问他写论文、申报课题、拿奖学金之类的问题，他都会回答：这事多轻松啊！

可在现实中，他从没做过这些事，平时还总是吹嘘自己小时候多么厉害。当然，这是当代原生家庭教育的弊端之一，这些人在童年的时候发力过猛，获得了大家的高度评价，促使自己对自己的定位一直居高不下。等到上了大学以后，那些最初懵懂的孩子开始后来居上，甚至碾压他们，这时候，失去光环的童年优秀者，还依然沉浸在小时候奋斗得来的成绩中无法自拔，过着自欺欺人的生活。

他们拒绝承认自己失败了，一直寻求机会证明自己的优秀，这份焦灼的心态大大拖累了他们。于是，他们在自我怀疑里苦苦挣扎，最终陷入绝境，无法自拔。

老王就是这样一个人，只不过，他早就学会了如何利用"附加身份"来证明自己的实力。

同学聚会时，失联好久的老王也来参加了，还给我们带来一个特别劲爆的消息——他在北京大学上班！当时，所有人都惊讶不已。而在场的所有人中，只有我知道，他其实在挂靠北京大学的一个研究所上班，根本与北京大学扯不上半毛钱关系，没有编制就不说了，连工资都只够租房子。可以这么说，老王的生活一直过得挺艰辛。

其实，之前老王一直在精神病院上班，待遇可比现在好多了。但是，他感觉"精神病院"听起来不够高大上，这才跳槽的。我也看得出，在场的同学们虽然在不断恭维他，可微笑的嘴角却露出不屑，他们肯定也知道老王的真实情况，只是没有说出来而已。

作为一起逃过课、跳过墙的昔日好友，我觉得有必要提醒一下他，就找了个机会跟他说："老王，你一定听说过俞敏洪的故事吧？俞敏洪一开始也是北京大学的老师，可是后来他辞职创办了新东方，成了全国最有钱的老师。他曾经说过一句话：'在别人眼中活自己，永远是别人眼光的附庸，在自己眼中活自己，就是自己的主人。'其实吧，我觉得工作不分贵贱，不管是不是'北大老师'，只要你有能力，未来的发展都不会差的。"

听完我说的话，他想了一下说："在体制内发展，咱们还是太嫩了，年轻老师要是想赚钱，还是去外面闯一闯好啊！"

很显然，我的暗示是有效的，他除了听明白我的暗示，还有了自己的理解。几天之后，传出消息，老王从那个研究所辞职了，去中国移动给员工做培训讲师。相对地，工资明显提高了，待遇也更好了。不过，每次见面，他还是会特别强调一下，中国移动是世界五百强之一。

其实，当你看破一些事情，或者陈述一件事情的时候，只要如实表达你的感觉，不要给别人强行加上道德的教条，不要推论严重后果，不要企图让对方重视。或者有些事情在一定的场合中，没必要当场指出对错，你只需要微微一笑，让别人感受到即可。这不仅是一种礼貌，更是高情商的体现。因为人是很难重视自己错误的后果的，而是更重视和他人的情感连接。

说破的缺点在于，一旦你指出对方的错误，对方便会急于辩解。也许在他看来，事情根本就没那么严重；而在你看来，他却毫无悔意。一个有修养的人，一般都是微笑而过。

看破不说破，不仅显得自己有宽恕别人小错误的博大心胸，知情的朋友还会默默地感激你，甚至加深对你的好印象。仓央嘉措说："为了遇见你，我在前世就留下了余地，我用一朵莲花商量我的来世，再用一生的时间奔向对方。"

懂得给感情留白，方能持久生香；话不说破，才能相互欣赏。撕裂别人伤口的行为，只会让你的心房越来越不宽敞。

你必须明白一件事：当你要开口说话时，你所说的话必须比你的沉默更有价值才行。

《了不起的盖茨比》中有这样一段话："父亲在我年纪还轻、阅历不深的时候教导我一句话：'每逢你想要批评任何人的时候，你要记住，这世上所有的人，并不是个个都有过你拥有的那些优越条件。'"所以，理解一个人，得把他放到他的成长环境里。这世界比你我厉害的人多了去了，只有内心强大、博闻强识的人，才有资格超然物外！否则，还是让自己做个入世的俗人，且行且珍惜，看透人性而不要看破人性吧。

人最好的优点之一就是看人长处，而处理好人与人的关系，有三个诀窍：看人长处、帮人难处、记人好处。在生活中学习、审视，并反省自己——看破不说破，看穿不揭穿，就是最好的处世原则。

现实生活中，总有人对你说三道四、指手画脚，看你不顺眼。我们应该学会不苛求别人都对自己好，要学会不在意，约束好自己，把自己该做的事做好，把自己该走的路走好，做到真诚、宽容对待别人！心理学上有个说法："当一个人越接纳自己，他对周围就越开放、越宽容。"具体说来，就是"我更容易原谅别人的自私，因为我接受了自己的自私"。一个稳得住的人才是美，一个安详、谦和的人才是美。一个人的优雅，关键在于能控制自己的情绪。

看不惯别人是因为自己的修为不够。年轻时，总觉得自己能看透一个人，哪怕看透一件事也觉得是一种本事。想着人生就是一场按图索骥的漫长旅行，把想看的、想走的都经历过，在羽翼渐丰的世界里，才有了山高水长的积蓄。可若干年后却发现，真正的成长是一场去粗取精的展览，把看懂的、看透的埋藏在人生巨大的加工厂里，研磨出的一切才叫阅历。

看不惯别人的生活，其实是自己内心惶恐不安的映射。这个世界，既要有火眼金睛的本事，也要有润物无声的本领。

最后，愿我们生命中的人，都能够在面对别人的错误时微微一笑，做到看破不说破。因为，这不仅是一种礼貌，更是一种修养。

## 愿你在最美的年华,遇见聊得来的人

"在对的时间里,他爱我,我爱他,这样就足够了。"

这是小可的爱情观,曾经的她认为爱情不需要太多,只要在对的时间里与对的人在一起就足够了。就算最后以分手告终,那又怎样,至少两个人曾经深爱过。

时间回到三年前,那年我们即将毕业,几个要好的同学决定在分别的前一天去酒吧不醉不归。那时我们谁也不会想到就是这个约定,让小可的生活发生了翻天覆地的变化。

那天,小可玩得很嗨,在酒精的作用下竟然跑上舞台,跳起了热情火辣的舞蹈,引起了所有人的瞩目。一曲之后,她成功地将全场点爆，酷炫的灯光、众人的欢呼，让本来就喜欢安静的我更加眩晕，我跌跌撞撞地走到小可的面前，发现她跟一个老男人聊得很嗨。

其实，怎么说呢，第一眼看到这场景感觉冲击力挺大的，因为那个人看起来至少比我们大十岁，都说年龄相差三岁就有代沟，那小可和他之间应该有一条鸿沟才对！

回去的时候没等我们逼供，小可自己就主动交代了，这不打自招的架势让我不鄙视她都难。小可说："我感觉我遇见爱情了。"平时她不正经惯了，我们都以为她在开玩笑，所以谁都没当真。第二天大家收拾好东西，抱头痛哭一阵，另外两个同学坐上了归家的列车，离开了这座城市，而我和小可则留了下来。

之后的时间，大家不是忙着找工作就是忙着工作。而那个男人，我们都没有再提起过。毕业一年，我们聚会，小可说要介绍一个人给我们认识，我们开玩笑说："不会是男朋友吧？这才毕业一年，动作够快的！"随即在一片嬉闹声中，小可打了一个电话，不一会儿，一个男人向小可走来。

看见我们集体掉下巴的表情，小可恨铁不成钢地瞪了我们一眼说："他叫施帅，我男朋友，今年三十岁，就是我们毕业前在酒吧喝酒时你们见过的那个大叔。"这时我才知道，那天小可并没有开玩笑，她真的遇见爱情了。小可说在我们分开的这段日子，他俩一直有联系，最后顺理成章地在一起了。

小可是一个特别可爱又特招人恨的女孩，在向我们介绍了自己的男朋友后的一年间，她开始360度无死角地秀恩爱。没错，就是秀恩爱，赤裸裸地刺激我们这些"单身狗"。朋友圈里是他们俩一起做饭、一起旅行、一起给狗狗洗澡的照片，那时候的小可被一种叫"爱"的气泡包围。

就在所有人都认为这两个人会幸福地一直走下去的时候，有一天我们突然发现，小可朋友圈里秀恩爱的照片越来越少，抱怨、多愁善感的语言却越来越多，没过多久就听说两个人分手了。

但是，让大家想不到的是，本来很洒脱的小可，这次不知道怎么了，竟然死不放手，那模样简直就像个泼妇，不仅破坏了施帅公司的产品发布会，还当着客户的面指责他脚踩两条船。

那段时间，小可很痛苦，却从不向别人说他们之间的事。

而这场没有硝烟的战争历时两个月，最终以两败俱伤收场。直到有一天，小可主动跟我提起了这件事。我不知道为什么她选择在分手六个月之后再说，也许是放下了那段感情，也许是内心执念太深，太过压抑。不管出于哪种原因，我很庆幸，她终于愿意将心中的痛苦发泄出来。

我记得，当时小可的表情特别镇静，仿佛说的是别人的故事。她说："是我先追的他，在酒吧遇见他的时候，我就喜欢上他了。在那之后，我每天都跟他聊天，想出各种理由找他出来玩，甚至在他家附近租了房子，只为了能够多看他一眼。

"我在那半年的时间里，每天给他买早饭，给他做晚餐，他总说我俩不合适，说我像个孩子，那我就把自己变得成熟。他还说我不是他喜欢的类型，我就努力把自己变成他喜欢的样子。后来，我们终于在一起了，我介绍你们认识的时候，我俩已经在一起半年了，那时候我们还好好的，虽然有时我们也会争吵，但是过得很幸福。

"可不知道从何时起，我们俩越来越忙，虽然天天见面，但是我们的交流却越来越少。我也不知道为什么，明明两个人离得很近，却总有一种很远的感觉。

"在你们看来，我们俩不缺钱，想买什么就买什么，是不是特别幸福？其实，不是这样的。那段时间我们在互相折磨，彼此都努力想回到从前，不仅在你们面前努力扮演幸福，我们独处时也在自欺欺人。

"但是，变了质的感情终归还是不能善终。其实，走到现在这步，我们彼此应该都有错吧。知道当时为什么我会跟他闹吗？因为我怀孕了，但我不想他为难，一个人偷偷地把孩子打掉了。那段时间，只有我知道自己是多么痛苦，我要是不找他闹，他知道后会内疚的。我一直都知道，先爱的那个人，无非就两种结局：要么被伤得体无完肤，要么生活幸福。很显然，我是第一种，就算分手了，我也舍不得他难过。"

听到这里，我并不认为这些是他们分手的原因，小可爱得那么卑微，是不会让这段感情就这么夭折的。现在，我更加相信是施帅变心了。

也许小可看穿了我的心思，她说："施帅并没有出轨，你知道后来我为什么不闹了吗？在我大闹了他的产品发布会之后，他来找我，没有跟我争吵，也没让我赔偿他的损失。

"在分手后，我俩第一次心平气和地坐在那里，他说：'我们已经好久没有坐下来说说心里话了。不知何时起，我们不再关心彼此，我们之间变得无话可说。我曾试着挽回，可是我们每天除了吵架只剩下相对无言，这样的状态让我们彼此都喘不过气。我本想在这时候分开，起码我们还能保留住那些美好的记忆，我没想到你会用那么极端的方式说分手。小可，我没有爱上别人，我也从不曾后悔爱上你。'

"现在我明白了，我与施帅的感情没有败给金钱、物质，也没有败给所谓的'第三者'。我们只是败给了自己，我们每天忙着工作，忙着跟别人沟通，忙着拼命赚钱。为了所谓的好生活，我们累得要死，在这个充满金钱、物质诱惑的时代，我们迷失了自己，以为幸福就是有花不完的钱，有至高无上的权力。可我们从没想过，对方想要的幸福是什么，我们把自己的想法强加于对方的身上。

"以前，我总以为只要我们爱过，共同拥有一段美好的记忆就好了，现在才发现，这是多么幼稚的想法。如果真的爱一个人，在离开的时候不可能真的做到那么洒脱，那种蚀骨的痛不会让我们这么轻易就放下。

"最好的爱情不需要洒脱，也不需要轰轰烈烈，只要两个人聊得来，每天回到家里分享一天的趣事、烦心事。哪怕没有足够的金钱与地位，只要两个相爱的人依偎在一起，享受这淡淡的幸福即可。"

虽然我并不能感同身受地理解小可的这种感情，但是我知道在那天之后，小可变了，曾经最怕一个人的她选择了独自旅行。她这一走，就是好几年。

我不知道现在小可是否真的放下了那段感情、那个人，但在我看来，本来爱情就是让人捉摸不透的。生物学上讲，爱情是在同一时间、同一场地、同一频率，荷尔蒙同时增多的情况下，两个不认识或者认识的人产生的爱慕之意。但这能够持续多久，没人知道。当然，也有很多科学家研究过，但是至今也无人给出一个正确的答案。所以，爱情需要时不时地用小浪漫来保鲜。长久地维持爱情，两个人之间有共同语言、能够聊得来是最起码的条件。

有很多人说，爸爸妈妈那一代人很少交流，但是他们的感情很稳固，离婚率也没有现在这么高。可你们有没有想过，父母们真的幸福吗？举个最简单的例子，很多人都玩过十人九足的游戏，大家都知道，这种游戏的通关秘诀就是默契。现在有三个队伍同时进行比赛，A队在比赛前拼命地练习，B队的队员在做你比我猜的游戏，只练习了一遍，而C组一直在聊天，也只练习了一遍。

最后，B组赢了比赛。因为他们用另一个游戏迅速培养起每个队员间的默契。而C组，他们的沟通是有效的，即使没有B组那么强的默契，但还是让彼此熟悉起来，因此得到了第二名。那么，A组为什么会是倒数第一？他们不努力？不是，因为他们一直在不停地练习，导致每个队员之间毫无交流，一点默契都没有。

同样的道理，两个人在一起，如果只是长时间维持表面的感情，没有真正了解对方，那做什么都是徒劳的，两个人只能是看起来幸福而已。没有沟通，没有交流，慢慢地就会变得没有话题，两个人的距离越来越远，以致有一方受不了这种痛苦，选择结束这段感情。就算勉强在一起，两个人也不会幸福。

相反，如果两个人每天都有聊不完的话题，那么每次聊天都会变成一种享受。这个世界上，真正拥有共同喜好、聊得来的恋人太少，很多人总有这样那样的原因，最后选择与一个相对合适却不是真心喜欢的人在一起，以致两个人之间的问题就像滚雪球一样越来越多。但积攒的问题解决不了，总有一天会爆发，这不仅是对自己的不负责，更是对他人的不负责。

中国文化博大精深，"宁缺毋滥"早已不只是一个成语，而是一种美好的愿望，一种对美好爱情的期待。单身的人们在大好的时光里，为何要虚度青春，浪费多余的感情？为何不找一个自己真正喜欢、了解、聊得来的人共度一生？那样，在我们老去的时候，也可以对自己的孩子说："想当年，我与你爸爸（妈妈）的爱情有多么甜蜜！"而不必再像我们的父母那样，面对爱情，无话可说。

有恋人的你，请不要因为工作忙、没时间等问题而忽视你身边的爱人，多与他（她）沟通，不要以为了家庭、为了给那个他（她）更好的生活为由，不关心对方。一份长久且甜蜜的爱情，不仅需要偶尔的小惊喜、小浪漫，更需要彼此的理解、信任，而这些必须通过沟通才能够让你真正了解。

所以，请记得，千万不要像小可和施帅那样等到失去了才想起来珍惜，要记得开始时的心动，以及当初的那份甜蜜。因为生活中的很多事情都会改变，你要更加珍惜那个人，与他（她）做一对聊得来的恋人，不要让感情随着时间而改变。

愿你在最美好的年华，与那个聊得来的人遇见最好的爱情，共同创造你们的小确幸。

## 活出自己的样子，才是最美的

手机成就了一代人的同时，也毁了一代人。

微信是差不多每个人都在玩的一款社交软件，它代替了微博，取代了QQ。走在大街上，满眼都是低头族，人们在朋友圈刷着别人的生活。

星期二的晚上，我像往常一样躺在床上拿着手机刷着朋友圈，刚要准备睡觉的时候看见了这样一条信息：每次去（JPC）都是最初的范儿……（absolutely love this life），连发一个朋友圈都自带小资范儿，配上一张美食图片，精致生活尽显。

发这条朋友圈的人，是我的大学学弟易阳，一个地地道道的 90 后男生。他的爸爸妈妈是老师，原本大家都很羡慕他，但是自从毕业，他在朋友圈各种晒之后，我们已经对他免疫了。当然，你肯定会说，那是我们看人家过得好，嫉妒人家。我想说，真不是。

加易阳为好友是偶然，我们并不熟识。我在毕业典礼上为学弟学妹加油打气，刚好遇见同一专业的易阳，就顺便留了彼此的微信，平时跟他并没有太多的沟通。

毕业后的每个人每天忙着找工作，或者工作的时候被领导训，被同事欺负，或者没日没夜拼命地加班，但是却拿着最少的工资。

朋友圈里一片怨言，除了诉苦的，就是强喝心灵鸡汤的，哦对，还有做微商的。可是，也会有一些独特的人每天在拉仇恨，像怕自己树立的敌人不够多似的，每天拼了命地刷朋友圈，不是晒旅行照，就是晒去高级餐厅或者特别有情调的私房菜馆吃饭的照片。更有甚者，每天都炫耀自己的工作、同事多么多么好，工作轻松不累，赚钱又多。

易阳是其中一个，他展现在朋友圈的生活堪称完美无瑕。

在大家叫苦连天的时候,他在炫耀自己的生活有多么美好,这就是一种典型的拉仇恨行为。

当然,也有人对此很疑惑,都是刚刚出校门进入社会的大好青年,差距这么大,莫非他有什么背景不成?有一次,我们留在上海的校友一起小聚,其间闲聊说起易阳。因为在毕业典礼之后,我真的没怎么跟他联系过,对他的了解也仅限于朋友圈。但学弟学妹们都在问:"易阳在做什么工作啊?我看他一天天生活得可好了,都是刚毕业的人,你瞅瞅人家,名牌穿着,各种美食品尝着,说旅行就旅行。我们这一天天被领导训着,被客户折磨着,什么活都干!这都已经半年多了,每个月还拿着 4000 元的工资,真是够了!"

就在他们谈论易阳的时候,有个男生站起来说:"你们真相信他发在朋友圈里的信息?我去过易阳的公司,那是一家小公司,算上了老板总共就 5 个人,你们怎么还有羡慕他的呢?可能你们一个项目组的人都比他公司的人多。他在的公司没什么项目可做,有的是时间出去玩。对了,还有工资,哪有那么高,他一个月才 3000 元不到,要说名牌什么的,人家不是有一对好父母嘛!现在他的房租还是他爸爸妈妈给出的呢,你们这些人,不了解情况就在这里瞎羡慕,他过得真不如你们呢！"

我只是笑笑没有说话，有个女孩说："这样也行？向父母张嘴要钱，当自己还是小孩子吗？也许我的性格属于比较要强的，换我还真的做不到，毕竟已经毕业了，没有理由也没有那个脸皮再让爸爸妈妈养活自己。"

我也不知道易阳为什么要这么做，每天在朋友圈刷着与别人不一样的内容，向世人炫耀着自己的生活。然而，这对他的生活一点帮助都没有。如果一个人连养活自己的本领都没有，只顾做些虚伪的表面功夫，在揭开真相的那一瞬，难堪的不还是自己吗？何必呢！

一个人的生活不是靠伪装得来的，当时在座的大多数是与易阳同一届的学生。虽然他们的日子过得很苦，但是他们正在努力生活，虽有抱怨，但每天还是将自己的工作做好。他们都在脚踏实地地生活，没有人将自己包装成一个成功人士，也没有人为了别人的羡慕就去伪装自己的生活。

其实，我也能理解易阳，天生的优越感让他不甘心与别人过一样或者比较差的生活，这些都是可以理解的。但是，他不知道用自己的努力去改变这种状态，只是一味地帮自己制造各种假象，也许这就是大家反感他的原因所在吧！

有时间刷朋友圈，羡慕着别人的生活，不如好好利用时间让自己变得充实，过得更好。

哈哈是我的大学同学，喜欢读书，喜欢旅行，喜欢音乐，喜欢独处，喜欢跟朋友一起品尝美食、看电影。总之，她就是那种典型的文艺女青年，但是与其他文艺青年不同的是，她的朋友圈里没有矫情的文字、没有抒情的语句。准确地说，她很少发朋友圈，很少在朋友圈里晒自己生活的细节，就算是发朋友圈，也只是发几句简单搞笑的话语。看她的朋友圈，总会让人会心一笑，然后发现她说得好有道理。

毕业后，易阳拼命在朋友圈里刷存在感，炫耀自己的生活。而哈哈则在朋友圈完全消失了一样，只有我们几个平时跟她有联系的人知道她的近况，知道她还安然地活在世上，正在为了理想中的自己努力着，为了自己想要的生活奋斗着。

还记得毕业一周年的聚会上，不管是远离上海的人，还是留在这个让人喜忧参半的城市的人，大家都回来了，又一次在母校的大门口集合。虽然已经一年没有见面，但是看着那一张张熟悉的脸庞，当年的往事一幕幕地浮现在眼前。

一年前的我们还在这里过着无忧无虑的生活，没事的时候叫上小伙伴，来到学校对面的烧烤店，一起喝酒、撸串儿，也曾在无意间喊出谁的绰号，或者几个人围坐一圈，侃侃而谈娱乐圈谁又火了。但是，现在大家谈的都是最近工作怎么样、谁与谁分手了、谁又跟谁结婚了。虽然熟悉，但我们的话题已经在慢慢地改变，甚至有人冷嘲热讽别人的生活怎样怎样。看着那些交谈甚欢的同学，我一时感慨颇多。

不知是谁问起了哈哈，在场的诸位除了我，好像没人知道她的情况，而我也不打算多说，因为这本来就是她自己的事，没必要由我的嘴来传播。就在众人都看向我，希望我能够向他们透露一些哈哈的情况时，包房的门被打开了，有人惊叫了一声："哈哈？"随之，所有人都看向了门口，哈哈身穿一袭亮丽的套裙，再加上俏皮的短发，看起来耀眼极了。

吃饭的时候，好多人问哈哈这一年干什么去了，为什么完全消失了。她俏皮地眨眨眼睛说："这一年啊，我去了西藏、大理、丽江，来了一些说走就走的旅行。我还出版了一本书，有机会大家支持一下啊！"

看着大家羡慕的目光，哈哈说："不过，这些都不算什么，最重要的是，我在旅途中认识了一个人，我俩决定今年十一结婚，到时候各位有空就去坐坐啊！"看着她大方、艳丽的笑容，就知道她在过去这一年里的生活是多么丰富多彩。她用自己的努力、自己的实力，在事业上为自己打下了一片天地。率真的个性、说走就走的旅行让她收获了爱情，这才是最好的生活，值得被人羡慕的生活。

虽然很幸福，但是哈哈从来不在朋友圈晒幸福、晒成功，而是低调地过着自己的小日子，这样就足够了。

生活从来都不是给别人看的，每天在朋友圈里播放着一天的点点滴滴，这恰恰说明了一个人太没有存在感。只有在现实生活中过得不如意的人，才会在网络世界假想自己的人生，让别人羡慕，博得别人的关注，这样有什么意义呢？世界上的人有那么多，你只是其中的一个。一个人再伟大，也不可能让这么多人都追捧自己，更不要说平凡如我们这些普通人。所以，那些每天在朋友圈里晒自己过得多好的人，不要再以这种自欺欺人的方式活着了，要勇于面对现实。

自己的日子，自己过好即可，没必要让所有人知道。

那些羡慕别人生活而每天刷朋友圈的人，请不要再观看别人的生活，他们不一定过得比你们好，他们也许只是善于伪装而已。每个人在一生中都会面临各种各样的困难、抉择，所以，在当下要为自己想要的生活努力、奋斗，不要再羡慕别人，要做一个让别人羡慕的人。

与其每天刷朋友圈，看着这个朋友、那个同学的微信，不如多花点时间在自己身上。如果你的朋友圈里都是易阳那样的人，每天你观看的只不过是虚伪的假象而已，又有什么意义呢？是让自己更有信心，还是让你的生活更有动力了？都没有。

你不知道，真正活得好的人根本就不会把自己的点点滴滴都放在公众面前。一个懂得如何生活的人，不会让别人对自己的日子指手画脚、说三道四。所以，那些在朋友圈里各种晒幸福、晒美食、晒旅游、晒孩子的人，并不一定过得好。相反，那些悄无声息的人，生活说不定过得更好，他们才是你该羡慕的对象。

其实，不管怎么样，别人的生活始终不是自己的，我们没必要羡慕任何人。每个人的人生轨迹不同，而朋友圈里喜欢晒的人，更不会是你羡慕的对象。说白了，他们只不过是一群没有安全感的孩子，在那个虚拟的世界怒刷着存在感而已。所以，请认清这个社会，面对现实，脚踏实地地生活，这样你才会变得越来越好！

最后，愿你能变成你想活成的样子，不用紧盯别人的生活，做好自己就好。

## 适当活在自己的世界，挺好

看着同事小 A 那副八卦的模样，我内心真的很崩溃，不知道大家都是怎么容忍她的。

小 A 是广告公司的一名资深文案专员，关注新闻动态是写好优秀文案所必须的。可我不习惯的是，小 A 每次看完新闻，在完全没了解清楚的情况下就对事情妄加评论。她会按照自己对事情的揣测，到处发布不实的言论。我想，她就是大众口中的"键盘侠"之一。

有一个周五，因为马上就要到双休日，公司的一个 90 后同事小 B 在与年纪相仿的同事讨论晚上一起看电影的事。其实，作为 90 后的她们追星很正常，但是小 A 却过来说："你们还看他演的电影啊，你们这些看脸的人真是太肤浅了。"

小 B 和同事没怎么在意，只是笑笑。可没想到的是，小 A 又开始碎碎念起来："你俩还不当一回事，怎么能给那种人刷票房呢？一个要演技没演技、要人品没人品的演员演的电影你们还去看，不怕毁三观啊？几天前出的那个娱乐新闻说他耍大牌，还在片场殴打女演员，这种人就是典型的渣男。"

小 B 和同事本来就不喜欢"键盘侠"，但看在大家都是同事的分上，小 B 就委婉地表示只是去看电影而已，哪有那么多的事。虽然我是个局外人，但我还是感觉小 A 这个人太喜欢评论别人的生活了。

周日，我在刷朋友圈的时候看见小 A 发了一张截图，是她与别人在微博对骂的话。

周一早上来公司，我刚打开电脑，就看见小 A 来了，有人问她怎么跟别人在微博上骂起来了。她说："我去看薛小千的演唱会，终于明白他为什么这十年里都没红了，在现场唱了那么几首破歌就哭得不行了，底下的粉丝还大喊什么'不要哭，我们一直都在'。一个多小时的演唱会，他和他的粉丝就哭了一个小时，唱的歌还死难听，然后那帮脑残粉还在那儿感觉好得不行。

"回家以后我刷微博，看见一个脑残粉在那儿说什么十年坚守，千千终于用实力证明了自己。我就在下面评论：'有什么实力，一个半小时的演唱会哭了一个小时，不敢唱就直说，出来瞎晃什么啊？有时间还是好好写写段子吧，省得到时候写不好又没人关注了。'结果，我们就对骂起来了，我一个人对战一群脑残粉，骂得那叫一个欢脱。"

听到这里，我就戴上耳机，不再听她说话了。我并不是薛小千的粉丝，对这个人也完全无感，但是听她这么说，我感觉她很过分。

一个十年前大红大紫过的歌星，经历过人生的大起大落，从人人追捧到后来的无人识，遇到这样的事，换作我，可能早得抑郁症了。但是人家能够在十年后再次大火，不管因为什么，我认为这种精神都是可敬的。再说了，十年前发生了什么我们并不知道，在没有了解事情的真实情况下，不应胡乱说。

很多人认为，就一句话的事，能掀起什么大风浪。但有时往往就因为你无意的一句话，伤了一个人的心，或者将一个人逼得走投无路。就像那些可恶的"键盘侠"一样，在不知道事情的真实情况下，就对当事人进行言语上的攻击；受到这种伤害的人有很多。

小时候，我和爷爷奶奶住在农村，因为我们家是后搬去的，又没有地，所以家里基本没什么农活。作为老师的爷爷奶奶每天除了给院子里的菜园拔拔草，剩下的唯一乐趣就是陪伴我。爷爷教我写字、做题，奶奶教我弹琴，我的童年生活很快乐。

唯一遗憾的就是，在放学的路上，总有一群人看我小就欺负我，害得我经常不敢去上学。

直到有一天，有个比我高出一头的大姐姐帮我打跑了那些小孩，在那之后，再也没有人敢欺负我了。她告诉我她叫莫陌，跟我同岁，让我不要叫她姐姐。后来，我们每天一起上学，一起回家，爷爷奶奶也特别喜欢她，教我的东西也会教莫陌。

莫陌没有爸爸妈妈，也是和爷爷奶奶一起生活，这与我倒是有点像。只不过我有爸爸妈妈，没跟他们一起生活是因为工作的原因，他们留在了城里。每次爸爸妈妈来看我和爷爷奶奶，我都会把莫陌叫到家里，她比我懂事，所以我们全家人都喜欢她。

可就算我的家人再喜欢她、对她再好，我们也终究不是她的家人。在不同家庭背景下长大的我们，性格也不同，在别人的眼里，我是阳光的、乖乖的，而她则是不听话的惹事精，每天跟不三不四的人在一起玩的坏女孩。在我的眼里，莫陌是一个特别讲义气、特别坚强，又特别没有安全感的女孩。

在我们十八岁的时候，莫陌辍学了，她爷爷奶奶的年纪越来越大，她只能撑起养家的重担。她一天要打好几份工，有时在酒吧做调酒师，有时在酒店打扫卫生，有时还会去马路边唱歌，也会跟她口中那些所谓的"朋友"做一些买卖。具体做什么，她从来不告诉我。

我上大学之后，莫陌为了能跟我在一起，便陪我去了杭州。她说，在她心中我永远都是那个长不大的小孩，需要她的保护，直到有一天，我的身边出现一个能够保护我一辈子的人，她才放心。当时，我觉得特别感动。

那段时间，我上学，莫陌打工。我做兼职，莫陌也一起陪我。

在大三那年，一切都变了，莫陌因为一件事彻底离开了我。

那年的冬天很冷，莫陌买了一辆车，高兴地来学校接我一起回家过年，我真的为她感到高兴。她从一无所有到现在成为一家小饭店的老板，其中经历过的艰辛只有我知道。

因为开车，路上的时间缩短了一大半。车子开到村口的时候，正好有一群人在那里聊天，因为我们两家就在村口，所以莫陌就把车停在了路边比较宽敞的地方。下车的时候，那些人问我这是谁的车，我说是莫陌买的。跟他们打过招呼，我们就拿着东西回家了。

当天，我们两家人在一起吃饭，这么多年，我们过年、过节都在一起。莫陌忙着帮奶奶们做饭，爷爷们则在一边下棋，大家看起来其乐融融。

饭后，爸爸妈妈把我和莫陌叫到一边，问我们那辆车是怎么回事，我说："是莫陌买的，你们不是知道莫陌开了家饭店，赚钱了吗？"妈妈说："你们知不知道村里的人说莫陌在外边做了不好的事情，才会有钱买车。"

我问妈妈不好的事情是什么，爸爸生气地说："就是傍大款！"我很震惊，也很气愤，那些人凭什么要这么说。反观莫陌，却很淡然。

爸爸说："莫陌，我和你阿姨知道你是个好孩子，不告诉你也是怕你听了难过，你千万不要往心里去。农村人就这样爱嚼舌根，你又不是不知道，只要你的爷爷奶奶不知道就好了，知道吗？"这时外面传来了莫奶奶的喊声，我们出门一看，莫爷爷倒在了地上。

我们把莫爷爷送到医院，医生说他是因为受了刺激才晕倒的。莫奶奶哭着问我和莫陌，外面的人说的是不是真的，我们说不是真的。但是，莫爷爷进了手术室却没能活着出来，连一个解释的机会都没给莫陌。莫奶奶大受打击病倒了，在莫爷爷去世后的第三个月，她也去世了。

莫陌本来就伤心，村里人说得更难听了，说莫陌傍大款把爷爷奶奶给气死了。我找他们理论，被莫陌听见了，这让本来就自责的她更加难过。在与那些人大吵一架后，莫陌消失了，无论我怎么找她都找不到。

几天后，在一个池塘里，警察发现了莫陌的尸体，池塘的边上放着一支录音笔。我不敢相信，那么坚强的莫陌会做出这种事情，说好的永远保护我的人，现在却冷冰冰地躺在地上，爸爸妈妈也哭得很伤心。

警察打开了录音笔，我听到了莫陌的声音，她说很感谢我们家，但是她实在受不了世人的流言蜚语，她不懂为什么她没有做那些事情，别人还是对她指指点点。谣言真可怕，她感觉这个世界充满了恶意，所以去找她的爷爷奶奶了。

以前我从不知道言语能杀死一个人，这些无知的人将这种无知的言论变成一把软刀子，逼死了莫陌一家。所以，小A说那些事情的时候，我会戴上耳机，与这个世界上无知的人隔绝。

我之所以写这篇文章，是想让大家明白一个道理：在不了解事情真相的时候，不要妄评别人的人生，也不要太关注别人家的事。每天工作、生活已经让人累得喘不过气，就不要再给别人和自己增加负担了。每个人只要过好自己家的日子就好了，别人家的事情不要瞎操心。

有时候一句无关紧要的话会毁掉一个人、一个家，在你不知道人家经历过什么的时候，请闭嘴。所谓的"键盘侠"们，你们可曾想过，你们的无知伤害了多少人，你们在这个网络发达的时代误导了多少人！

"坐井观天"的故事我们都知道，请不要用你那有限的眼界妄断别人的事情，很多事情你做不到，不代表别人也做不到；你没经历过，不代表别人也没经历过。

所以，不要用你那没有见过世面的嘴脸妄加评论别人的人生。如果这个世界能少一些"键盘侠"，大家在做什么事之前，不胡乱猜测，少一些跟风，我想会更好。

无论是明星，还是普通人，这一生总会发生很多事情，也许是误会，也许是事实，但那些都不是我们妄自评论别人的理由，我们没有资格说任何人。因为我们每个人都是一个独立的个体，不应该被任何人说三道四，你没有经历过我的人生，怎么知道我的难处、我的痛苦。同样的道理，送给你，也送给我。

愿每一个人都能够做一个旁观者，不要用自己有限的思维去揣测别人的人生。有时候，适当地活在自己的世界，挺好。

## 拥有一点点小技能，你的世界会宽广很多

过年了，老肖请一些亲朋好友吃饭。

这是我们当地的一个习俗，从年前一两个月陆陆续续到年后，几乎每家每户都会宴请亲戚朋友，或在自己家里雇上几个厨子，弄几桌流水席，或安排在酒店宴客，方便又省事。而这一次，老肖准备在酒店里宴客。

宴请前几天，老肖要去点菜。我闲来无事，为了凑热闹便和他一同前往。在我们当地一家小有名气的酒店，老肖先预订完包厢，接着开始点菜。

老肖点起菜来驾轻就熟，心中好似装了一本菜谱，许多菜

式没看菜单就脱口而出。没多久，冷盘、热菜、主食几近完备了。毕竟，他算是这里的常客，所以对一些特色菜和口味不错的菜，他了如指掌。

后来，我们又去水箱里看水产。对近海的南方人来说，海鲜是必不可少的，有些地方甚至还有全鱼宴。

老肖挑选了鳗鱼、鲈鱼等，作为一些大菜的食材。而我独自在一旁看着水箱里的河蟹，心想，这蟹到时候肯定是我的腹中之物，因为它们不仅好吃，还能撑场面。

没想到，老肖似乎看穿了我的意图，笑着对我说："现在已经快二月里了，已经过了吃河蟹的最佳季节。"

见我一脸的茫然，他又告诉我，秋风一起，就是河蟹最为肥美的时候。农历九月要吃雌蟹，因为那时候蟹黄最为饱满鲜香；十月就要吃雄蟹，膏脂白嫩肥厚，口感丰腴。接着，他又教我如何辨别蟹的雌雄，腹部呈圆形的是圆脐，就是雌蟹；腹部尖如铜钟的是尖脐，也就是雄蟹。

我耐心地听着老肖给我讲解，包括一些海鲜如何辨别好坏、在什么季节吃最好。

接着,他又讲到在其他地方游玩的风土人情。他是一位地道的食客,不但热衷美食,吃过许多地方的名家菜馆,而且平时还喜欢钓鱼。每逢周末,他几乎都会邀上三五好友去一些农家乐钓鱼、吃饭。

最后,老肖点了一份咸蛋黄珍宝蟹。

到了宴请那天,老肖早早就到了酒店,忙着迎接客人。待大家就座后,开始上菜。

最先上来的是几道冷盘,像凉拌海蜇皮、老醋花生、凉拌金针菇、虾油鸡等。冷菜的好处是不仅能开胃,还可以让大家边吃边等个别迟来的客人。

虾油鸡是酒店的特色菜,老肖嘱咐我们都夹一块尝尝。果不其然,鸡肉鲜香爽滑,娇嫩可口,略带咸味的口感刺激味觉,令人食欲大开。

冷菜过后,就是热菜和主菜登场了。一般来说,荤菜往往是餐桌上的主角，而老肖点的肉类也是五花八门，有火腿蒸野鸭、糖醋排骨、红烧肉、铁板牛肉等。

"这葡萄酒没那么难喝吧？"老肖拍了拍我的肩膀，一脸的笑容。

"还好，就是有点涩，喝了口干……"

老肖大概察觉到我喝酒时皱着眉头，所以教我最简单的葡萄酒配餐技巧，就是"红酒配红肉，白酒配白肉"。

红肉中富含蛋白质和脂肪，能消除红葡萄酒中单宁的紧涩感，而单宁反过来又能去除红肉的油腻感，使其风味更加诱人。红肉可以简单地理解为猪、羊、牛等陆生动物，而白肉则是鱼、虾、蟹等水生动物。

按照老肖的方法，我先吃了一些牛肉，然后再喝葡萄酒，酒的味道果然更加浓郁香醇。我不禁说道："老肖啊，你不去做美食家，真的可惜了。"

至于作为南方人饭桌上必不可少的海鲜，他也是考虑周全。

像清蒸鳗鱼、剁椒鱼头、西湖醋鱼、咸蛋黄珍宝蟹……不管是海里的还是河里的,都应有尽有。

之前点菜时我也问过老肖,为什么有了醋鱼、清蒸鲈鱼,还要点剁椒鱼头。他说因为有几位客人不是本地的,而南北方、东西部的饮食文化有诸多差异。像中西部,尤其是湖南、湖北、四川地区,由于湿气较重,人们喜辛辣。而南方人则以酸甜口味为主,这样点菜可以照顾到全部的客人。

其间,老肖还给妻子夹了些萝卜,说是感冒了要多吃些蔬菜,这样才能好得快。周围有客人打趣道:"唉,老肖,看来你还是把老婆放在第一位啊。"这让老肖的妻子面红耳赤,只能借不胜酒力推脱。

饭局接近尾声时,我才发现老肖点的菜,烹调手法不一,有清蒸、水煮、煎炸、烧烤等。至于味道,则是酸、甜、苦、辣、咸兼具。而每隔几道菜,都会有一道汤。

还有一点与我在别人家里吃的不同,老肖这次准备了好多道素菜。开始我不明原因,以为他想少几个荤菜,拿素食凑盘数。

"你以为我这么抠啊！只是这大过年的，所有亲戚走下来，荤菜早就吃腻了，而且这次老人也比较多，他们喜欢吃清淡好消化的。"的确，后来那几道素菜几乎都光盘，光是我自己就吃了不少。

至于主食，则有面条和米饭两种，对那些牙口不好的老人来说，面条容易下咽也容易消化。最后则以一盘水果收尾，既能去除口腔味道，又能醒酒。

老实说，这家酒店的菜色的确不错，色、香、味俱全，咸淡适中，油而不腻。不过，比起菜的味道，我更佩服老肖点菜的功力，尤其是最后打包时，三桌菜也只用了七八个保鲜盒。这与我在别家吃时剩下的半桌子菜相比，真是天壤之别。

常言道：见微知著，于细节处见真章。中国人很讲究吃，不仅是因为喜好美食，更是因为饭桌上可见人品，而点菜可见学问。这学问倒不是说你读过多少书、看过多少本美食食谱，而是你有多广的见识、多少的阅历，还有多高的情商。

会点菜的人，考虑了所有人的喜好，然后加以权衡，了解不同地域的饮食文化差异，知道哪些是当季最好的食材，不同的食材又有怎样的功效。

所以，你可不要小看了会点菜的人，他们往往大有作为。

那些会点菜的人，往往不只会点菜，从点菜这件小事中能够折射出他们身上的一些特质，例如见多识广、阅历丰富、情商较高、追求生活品质等。

前两者或许随着年龄增长可以逐渐累积，可情商和生活品质却不那么容易提高。老肖的情商，从点菜中便可见一斑。

他察言观色的本领也不同寻常，就像点菜时，我仅仅是看着水箱里的河蟹，就被他一眼识破。他注意到我喝葡萄酒时脸上不经意间掠过的苦涩表情，便教我葡萄酒配餐的技巧。不仅是我，老肖似乎能体察餐桌上每一个人的情绪，并尽最大可能让大家都吃得舒服。

毋庸置疑，在人际交往中，让对方如沐春风般舒服，就是情商高的一种表现。

我跟不少人吃过饭，也许有些人知道该如何点菜，但只管自己的喜好和口味，自己喜欢吃辣的就点一桌子重口味，让别人无从下筷。

至于像老肖点菜这么讲究面面俱到的，我倒是很少遇到。他点菜前心里就已经有了盘算，客人的数量、地域、年龄、是否会对海鲜过敏、预计的费用等。

当我陪他点菜的时候，感觉他俨然是点将台上的将军，运筹帷幄，决胜千里。所以，点菜还能反映一个人的大局观。老肖的确有统筹全局的能力，以及先见之明。

老肖还是小伙子的时候，他在一家市里的单位工作。当时，那家单位门槛不高、待遇平平，所以许多人都不稀罕进去。可是没过几年，峰回路转，许多人盯着瞅着削尖了脑袋想要进去，却不那么容易了。

而老肖也凭着待人和气、办事能力强，没多久就升迁了。后来，他贷款买了第一套房，过了些年又乔迁新居，就将第一套房转手卖掉了。一来二去，中间赚了差不多一倍的钱。如今，二三十年过去了，光是房产，老肖就已经有了好几套。

如今的老肖是一位不折不扣的人生赢家，事业有成，家庭美满，高朋满座。当然，如果单从事业上来评判，老肖还算不上大有作为，但就个人的生活品质来说，他已经足够成功——他有健康的身体，也有足够的时间、精力和金钱去享受生活。

在我还在读书时，老肖就曾告诉过我，到了社会上，最重要的一项生存技能就是学会如何与人打交道。

社会不是学校，不是只有纯粹的同学情谊，更多的是利益往来。这需要一个人会察人、识人，知道什么样的人是真朋友，什么样的人又是虚情假意。但对那些貌合神离的朋友也不要交恶，保持距离就够了。毕竟多一个假朋友，总好过多一个真敌人。

这让我想起，老肖每次来我家里做客，手机经常响个不停，大多是别人托他办事。只要力所能及又不违背原则，老肖都会帮忙。也因此，老肖的人脉很广，他就好像一个信号中转站，常常帮人牵线搭桥。

老肖那次教科书般的点菜，更让我深刻体会到，过去的我活得多么拧巴。

刚毕业时,每次跟朋友、同事出去吃饭,我都不喜欢点菜。每次他们问我喜欢吃什么,我总是说:"随便,你们点吧。"

其实,我不只是不擅长点菜,我还怕自己点的菜不合大家的口味,破坏了饭局的氛围。但是,这对人际交往并无益处,因为我始终处于被动地位,少了与对方交流的机会。别人不但不会觉得我随和,反而认为我难以相处。

事实就是如此,我像推皮球一样把这个任务交给了对方。不仅如此,如果朋友点的尽是些我不爱吃的菜,我心中难免有几分情绪,面露难色。我这才发现,我嘴上说"随便",并不是真的"随便",只是希望别人能洞悉我内心的想法。

现在,我学会了表达自己的看法,别人让我点一两个菜,我也不会拒绝他们的好意。如果是我自己请客,我会尽可能照顾大家的口味和饮食习惯。

如果你暂时不擅长点菜,那就试着勇敢地迈出第一步吧。不要小瞧了会点菜的人,点菜中有大学问,会点菜的人将来可能会有大作为。